大数据与商务智能系列

数据分析基础技术

阿里云大数据分析师 ACA 认证培训教程

赵 强 编著

电子工業出版社
Publishing House of Electronics Industry
北京·BEIJING

内 容 简 介

大数据分析涉及数据存储、数据处理、统计分析、数据可视化等技术问题。本书通过 Hadoop 和阿里云的 MaxCompute 架构介绍了大数据的数据存储、数据处理的原理。因为 Hadoop 等大数据存储和处理平台大多基于 Linux 操作系统，所以本书也介绍了 Linux 操作系统的基本使用方法。另外，本书还介绍了关系型数据库的重要原理、SQL 语言及数据仓库的概念。统计学是数据分析的基础理论，本书概括了常用的统计学理论。数据可视化也是数据分析的重要工具，本书介绍了常用的图表、可视化的原则及可视化的工具。

本书适合作为阿里云大数据分析师 ACA 认证考试的学习教材，也可作为学校或培训机构大数据分析等相关课程的教材，还可供大数据从业者和爱好者阅读参考。

图书在版编目（CIP）数据

数据分析基础技术 / 赵强编著. — 北京：电子工业出版社，2021.9

阿里云大数据分析师 ACA 认证培训教程

ISBN 978－7－121－41774－0

Ⅰ. ①数⋯ Ⅱ. ①赵⋯ Ⅲ. ①数据处理－资格考试－教材 Ⅳ. ①TP274

中国版本图书馆 CIP 数据核字（2021）第 159954 号

责任编辑：王二华

特约编辑：角志磐

印　　刷：北京天宇星印刷厂

装　　订：北京天宇星印刷厂

出版发行：电子工业出版社

　　　　　北京市海淀区万寿路 173 信箱　邮编：100036

开　　本：787×1092　1/16　　印张：8　字数：130 千字

版　　次：2021 年 9 月第 1 版

印　　次：2021 年 9 月第 1 次印刷

定　　价：39.00 元

前　言

　　2016 年，因为个人的事回到杭州，并参加了当年阿里云的云栖大会，经朋友介绍，有幸结识了当时阿里云大学的几位负责人。得知阿里云希望在大数据、云计算与大数据应用的教育培训方面做出一些努力，目的是让更多中国企业能够利用大数据提高经营的效率。其间畅谈了关于数据分析方面的个人体会，阿里云大学的负责人云骧邀请我回杭州，帮助阿里云建立大数据分析师（ACA、ACP）的人才认证标准，并开发相关的课件和书籍。彼时，中国的大数据正方兴未艾，整个社会对大数据人才十分渴求，政府也将大数据与人工智能列为国家战略，培养大数据分析人才利国利民。因此，在2016 年年底，我欣然回国创立了杭州决明数据科技有限公司，开始帮助阿里云大学开发大数据分析师的培训内容。

　　在发达国家，数据分析在行业里的应用已经发展了几十年，大规模的数据分析运用到决策领域，甚至可以追溯到第二次世界大战中美军的反法西斯战争。大数据工程师与大数据分析师在成熟的市场中早已是两条不同的职业路线，但由于接触大数据的概念时间不长，基于对工程技术的迷恋，中国市场简单地认为大数据分析技术就是一种基于大数据的工程技术，加上政府、大学和大部分企业固执地认为技术能够为企业带来深度的变革，对于数据分析在企业决策中的作用并没有准确的认知。由于数据分析主要用于企业的决策，而并不是去实现某项特殊功能，当来自不同行业的各种企业面临不同的挑战与问题时，企业需要研究的决策内容也五花八门，即使企业面临的问题可能是类似的，数据分析的应用也并没有一种标准的技术或手段能够给出统一的解决方案。因此，大数据分析师不是仅仅掌握一两种工程师们更偏好的编程技术就可以胜任的，这与大家更为接受和理解的大数据工程师的技能要求不尽相同。由于企业需要不时地解决各种各样层出不穷的问题并做出精准决策，这就要求大数据分析师在面对复杂而不确定的情况时，能够利用数据分析做出最佳判断。除要有精湛的编程技术和关于大数据的知识外，大数据分析师还必须具备逻辑化、结构化与科学化的分析思考能力，而这种分析思考能力对思维方式和行业经验要求较高。阿里云的大数据分析师培训体系是国内最早对大数据分析师的职业能力进行清晰定义的。

有了从事大数据分析师职业 20 多年的经验，我知道许多人对大数据分析师的工作不甚了解。尤其可惜的是，有 IT 背景的工程师们，基于对技术的热爱，简单地认为数据分析就是编程和算法的集合。这样的认知显然是错误的，对于中国高速发展的经济和市场所急需的大数据应用型人才的培养没有任何帮助。同时，也正是由于需要将编程与算法技术应用到业务场景中，大数据分析师的工作高度依赖经验，许多具备一定编程基础的大学生进入职场之后，短时间内无法胜任大数据分析师的工作。从传统的经济模式走向数字经济模式，依赖经验的数据分析应用技能更需要培训与学习。如果能有书告诉希望从事数据分析职业的有志人士，什么是大数据分析师需要的最重要的技能，那么就变得非常有意义。于是，我撰写了《数据分析基础技术——阿里云大数据分析师 ACA 认证培训教程》《数据分析实用技术——阿里云大数据分析师 ACP 认证培训教程》，希望能帮助读者了解大数据分析师职业，提升数据分析能力，并能够发现问题、解决问题。

由于来自各行各业的企业都需要大数据分析师，因此这两本书的问世是为了帮助已经在大学学习了相关行业知识的大学生，提高对大数据分析师职业技能的认知，以便进入企业后可以从事大数据分析师的工作，帮助企业做好科学决策。无论所学的专业背景是商业管理、天文物理、生物化学、航空航天、建筑设计、健康医疗、工业工程，还是人文社会学科，大学生只要希望从事本行业的数据分析工作，都能从这两本书开始学习，为未来的工作打下扎实的基础。

作者

2021 年 6 月

目　录

第1章

Linux基础知识

第1章

Linux基础知识

开源的大数据处理系统软件常常是安装在 Linux 操作系统之上的，所以有必要了解 Linux 操作系统的基本使用。Linux 操作系统也是开源的，经过长期的发展，已经变得非常可靠，被广泛用作服务器操作系统。

操作系统的使用主要包括文件系统的使用、用户权限的管理、进程查询和管理等。对用户而言，由于不能直接访问操作系统的内核，使用操作系统就是使用操作系统的 shell 程序。shell 程序相当于操作系统的外壳，用户的操作诉求先告诉外壳，然后由外壳传递到内核，再由内核程序完成相关操作。用户可以通过输入单个命令让操作系统完成某些工作，也可以将多个命令写到脚本文件中，构成脚本程序。脚本程序一次可以完成较多工作，能带来工作效率的提升，所以重复性的工作可以通过编写脚本程序完成。

1.1 Linux 简介

Linux 是一个类似 Unix 操作系统且开放源代码的操作系统。该操作系统现在已经广泛应用于服务器操作系统、各种嵌入式设备操作系统及个人电脑操作系统，并产生了安卓（Android）这样被广泛使用的衍生系统。

下面回顾一下从 Unix 到 Linux 的简要历史。

- 1969—1971 年，美国电话电报公司（AT&T）贝尔实验室的 Ken Thompson 与 Dennis Ritchie 构思、实现了 Unix 操作系统。

- 1973 年，Ken Thompson 与 Dennis Ritchie 用 C 语言重写了 Unix 的第三版内核。

- 1983 年，Richard Stallman 启动了 GNU 项目（GNU：GNU's Not Unix）。GNU 项目的目标是创建一套完全和 Unix 兼容且开源的操作系统。

- 1984 年，AT&T 剥离了贝尔实验室，摆脱了要求免费许可的法律义务，贝尔实验室开始将 Unix 作为一种专卖产品出售。

- 1985 年，Richard Stallman 创立了 Free Software Foundation（自由软件基金会），并提出了 General Public License（GPL）这样现在被广泛使用的开源软件协议。

- 1989 年，GNU 项目完成了和操作系统相关的大量软件，如库、编译器 GCC、文本编辑器 Emace、Unix shell 和窗口系统，但是设备驱动程序、守护进程和内核等底层元素都不完整，也就是说还没有完成操作系统的内核。

- 1991 年 9 月，芬兰 Helsinki 大学三年级的学生 Linus Torvalds 把他开发的 GPL 许可协议的操作系统内核放到了互联网上。随后，该系统得到 Free Software Foundation 的支持，以及大厂商大量的金钱投入和代码贡献，包括 NASA、Intel、IBM、Oracle、HP、华为等。该系统最终被命名为 Linux。现在 Linux 已经是极为稳定和完善的操作系统了，其主要用于服务器（80% 以上的 Web 服务器）、桌面系统、移动设备。Linux 操作系统符合 POSIX 标准，因此具有良好的应用程序移植性。

由于 Linux 的开源特点，每个厂商都不能封闭源代码，所以在市场上存在众多的发行版，主要有 Redhat、Fedora、CentOS、Debian、Ubuntu 等。

对用户而言，Windows 和 Linux 的主要区别包括以下四点。

（1）用户可以获得 Linux 操作系统的全部源代码，而且可以自由修改、再发布（前提是依然开源）。Windows 操作系统则相反，用户不能获得操作系统的源代码，不能反编译、修改、再发布。

（2）Linux 有大量的开源软件，而且安装很方便，一个命令就可以自动下载并安装。Windows 安装软件则需要自己找到安装程序。

（3）Linux 尽管也有收费的版本，但是大多数广泛使用的 Linux 操作系统版本是免费的。Windows 操作系统是收费软件。

（4）Linux 的目录结构是在标准的基础上用户微调的。Windows 的目录结构基本上是用户自己定义的。

1.2　Linux 安装

Linux 的安装步骤一般情况是先下载发行版本（基本都是光盘的映像文件，扩展名为 .iso），然后制作可启动的介质，如光盘或 U 盘，最后启动计算机，系统从可启动设备中读取安装程序，就可以按系统的提示开始安装了。不同 Linux 发行版的安装方法可以在网上找到。服务器选择 CentOS 的比较多，桌面系统选择 Ubuntu、Fedora 的比较多。

用户可以在阿里云上购买云服务器 ECS（Elastic Compute Service），这相当于已经安装了操作系统的网上电脑，可以进行远程访问。阿里云的 ECS 系统有多种操作系统可选，如可以选择操作系统是 Centos 的 ECS 系统。

在这个教程的后面需要用到文本编辑软件 Vim。Vim 是一个自由软件，是从 Vi 发展而来的功能强大、高度可定制的文本编辑器。1999 年，Emacs 被选为 Linux world 文本编辑分类的优胜者，Vim 屈居第二。但在 2000 年 2 月，Vim 赢得了 Slashdot Beanie 的最佳开放源代码文本编辑器大奖，又将 Emacs 推至二线。Vi 是系统自带的，Vim 需要自己安装。

　　如果没有安装 Vim，那么用户可以执行命令 yum install vim，安装 Vim。安装完成后，用户可以通过自带的教程学习如何使用 Vim，如果已经安装了中文语言包，那么在终端窗口输入命令 vimtutor，就会出现中文教程，如图 1.1 所示，然后跟着学就行了。

```
===============================================================================
=    欢  迎  阅  读  《 Vim 教 程 》  ——    版本 1.7    =
===============================================================================

   Vim 是一个具有很多命令的功能非常强大的编辑器。限于篇幅，在本教程当中
   就不详细介绍了。本教程的设计目标是讲述一些必要的基本命令，而掌握好这
   些命令，您就能够很容易地将 Vim 当作一个通用编辑器来使用了。

   完成本教程的内容需要 25～30 分钟，取决于您训练的时间。

   注意：
   每一节的命令操作将会更改本文。推荐您复制本文的一个副本，然后在副本上
   进行训练 (如果您是通过"vimtutor"来启动教程的，那么本文就已经是副本了)。

   切记一点：本教程的设计思路是在使用中进行学习的。也就是说，您需要通过
   执行命令来学习它们本身的正确用法。如果您只是阅读而不操作，那么您可能
   会很快遗忘这些命令的！

   好了，现在请确定您的 Shift-Lock (大小写锁定键) 还没有按下，然后按键盘上
   的字母键 j 足够多次来移动光标，直到第一节的内容能够完全充满屏幕。
```

图 1.1　Vim 教程界面

1.3　Linux 命令的使用

　　操作系统属于在硬件和应用程序、用户之间建立桥梁的系统软件。操作系统管理系统硬件和软件资源，并且给用户提供简单的使用接口。管理系统的硬件和软件资源的工作由内核完成。操作系统为用户提供的使用接口分为两类：（1）供用户直接输入的命令，称为 shell；（2）供应用程序调用的系统接口，称为 API。shell、内核与用户的关系如图 1.2 所示。

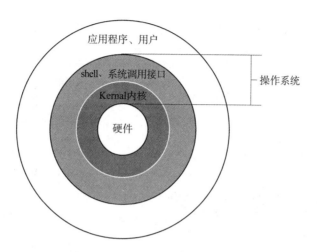

图 1.2　shell、内核与用户的关系

1.3.1　如何使用 shell 命令

使用 Linux 命令的格式为：

命令　选项　参数

例如，关机命令 shutdown -h now，其中 shutdown 是命令，-h 是选项，now 是参数。整个命令的含义是"立即关闭系统内核"，其实就是立即关机。

获得命令使用方法帮助文件主要有以下三个方法。

（1）内部命令的 --help 选项，如 ls --help。

（2）man 帮助文件，如 man shutdown。

（3）更详尽的 info。

例如，ls 命令可以获得当前工作目录的文件和目录，如图 1.3 所示。

```
[root@iz2zegmp7g4ig54be27g69z ~]# cd /
[root@iz2zegmp7g4ig54be27g69z /]# ls
bin   dev  home  lib64       media  opt  root  sbin  sys  usr
boot  etc  lib   lost+found  mnt    proc run   srv   tmp  var
```

图 1.3　ls 命令

ls--help 可以获得命令参数的含义，如图 1.4 所示，而且常常有中文的帮助文件（需要在操作系统中安装并设置）。

```
[root@iz2zegmp7g4ig54be27g69z ~]# ls --help
用法：ls [选项]... [文件]...
List information about the FILEs (the current directory by default).
Sort entries alphabetically if none of -cftuvSUX nor --sort is specified.

Mandatory arguments to long options are mandatory for short options too.
  -a, --all                    不隐藏任何以. 开始的项目
  -A, --almost-all             列出除. 及.. 以外的任何项目
      --author                 与-l 同时使用时列出每个文件的作者
  -b, --escape                 以八进制溢出序列表示不可打印的字符
      --block-size=SIZE        scale sizes by SIZE before printing them; e.g.,
                               '--block-size=M' prints sizes in units of
                               1,048,576 bytes; see SIZE format below
```

图 1.4　--help 选项

运行命令 man ls，打开帮助文件，按 "Q" 键退出浏览，如图 1.5 所示。

```
[root@iz2zegmp7g4ig54be27g69z ~]# man ls
LS(1)                          User Commands                          LS(1)

NAME
       ls - list directory contents
SYNOPSIS
       ls [OPTION]... [FILE]...
DESCRIPTION
       List  information  about  the FILEs (the current directory by default).
       Sort entries alphabetically if none of -cftuvSUX nor --sort   is  speci-
       fied.
       Mandatory  arguments  to  long  options are mandatory for short options
       too.
```

图 1.5　运行 man ls 命令打开帮助文件

通过命令 info ls 获得的信息最为详尽，其实普通用户一般不需要这么多信息。

1.3.2　提高工作效率的方法

提高工作效率的方法有以下五种。

（1）在终端输入命令时可以使用过去输入过的命令，因为输入过的命令（历史命令）其实已保存在用户"家目录"下的隐藏文件".bash_history"中（可以用 cat、more、less 等命令查看）。使用历史命令时，可以用键盘上的"up""down"键翻看历史命令，找到后按回车键执行。

（2）在命令行提示符下按"Ctrl + R"组合键，输入历史命令的前面几个字母，如输入 ls，当看到想要的命令后按回车键，就可以重新执行这条命令了，如图 1.6 所示。

```
(reverse-i-search)`ls': ls
```

图 1.6　搜索历史命令

（3）如果输入的命令中有路径或文件名作为参数，可以利用"Tab"键减少输入的字符数。例如，命令 cat/etc/passwd，可以输入一部分，按"Tab"键一次或两次，会发现目录或文件名自动补全，或者提示有几个候选项。

（4）使用通配符对若干文件同时进行操作，* 代表任意多字符，如图 1.7所示。

```
cp tempdir1/* tempdir2
```

图 1.7　使用通配符

（5）在终端窗口，按"Ctrl+D"组合键相当于输入 exit。

1.4　Linux 磁盘文件管理

总体上说，Linux 下的文件系统主要分为三块：一是上层的文件系统的系统调用；二是虚拟文件系统（Virtual File System，VFS）；三是挂载到 VFS 中的各实际文件系统，如 ext4、NFS、usbfs 等。在 Linux 中，"一切都是文件"，除了普通文件，目录、设备、套接字等也当做文件被对待，如图 1.8 所示。

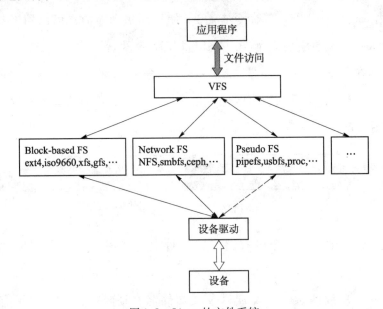

图 1.8　Linux 的文件系统

和 Windows 系统不同，Linux 的目录结构是有标准的，如图 1.9 所示。Linux 的目录结构标准就是 FHS（File system Hierarchy Standard）。

其中，下面这些目录是经常要用到的。

/：根目录。

/bin：存放所有的用户都可能用到的系统命令文件。

/etc：存放配置文件的目录。

/usr（unix software resource）：存放与软件安装/执行有关的文件。

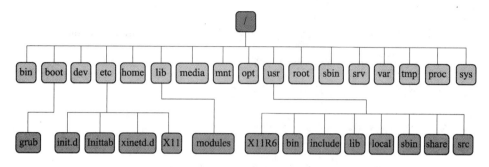

图 1.9　Linux 的目录结构

/var（variable）：存放与系统运作过程有关的文件。

/home：家目录、用户文件、用户配置文件主要在这里。

/mnt：挂载光驱、USB 设备的目录。

1.4.1　理解当前工作目录的含义和改变当前的工作目录

1. 查看当前工作路径

命令 pwd 显示当前路径。如图 1.10 所示，输入 pwd 命令，显示当前工作路径是/root。

图 1.10　执行 pwd 命令

2. 绝对路径和相对路径

绝对路径：由根目录"/"开始写起的文件名或目录名称，如/home/

freeman/. viminfo。

相对路径：相对于当前路径的文件名写法，如 ./Documents/hello. c。

. : 一个英文句点，表示当前目录。

.. : 两个英文句点，表示上一级目录。

3. 改变当前路径

命令 cd /home/freeman 表示进入 freeman 的家目录。

命令 cd ./Documents 表示进入 freeman 的家目录中的 Documents 目录。

命令 cd ../Pictures 表示进入 freeman 的家目录中的 Pictures 目录。

/ 表示根目录（命令 cd /，进入根目录）。

~ 表示家目录（~ 是波浪符号，在键盘 Tab 键的上方），cd ~ 为进入家目录。

1.4.2 列出文件和目录

显示当前目录下非隐藏文件与目录，执行命令 ls。

显示当前目录下所有文件与目录名（包括隐藏文件），执行命令 ls-a，如图 1.11 所示。

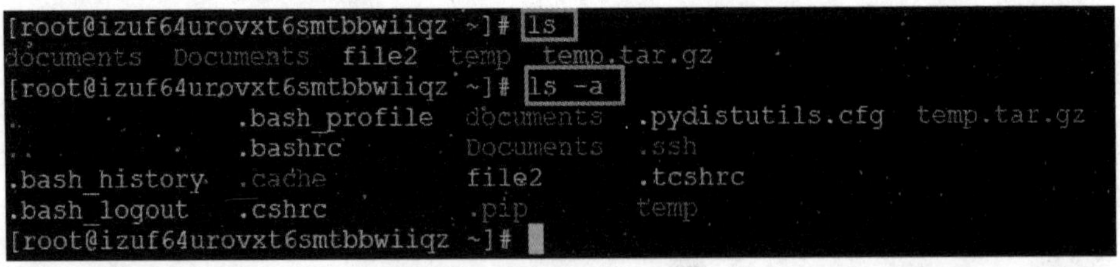

图 1.11 显示文件和目录名

显示文件与目录的详细信息，执行命令 ls -l 或 ll，如图 1.12 所示。

可以从文件的列表中获取文件类型、权限、所有者、所属组、文件大小、文件名等信息，如图 1.13 所示。

```
[root@izuf64urovxt6smtbbwiiqz ~]# ls -l
total 16
drwxr-xr-x 2 root root 4096 Jan  8 15:51 documents
drwxr-xr-x 2 root root 4096 Jan  8 11:34 Documents
-rw-r--r-- 1 root root    0 Jan  8 15:43 file2
drwxr-xr-x 3 root root 4096 Jan  8 11:38 temp
-rw-r--r-- 1 root root   45 Jan  8 15:11 temp.tar.gz
```

图 1.12　显示文件与目录的详细信息

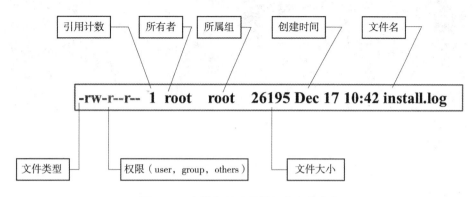

图 1.13　文件与目录的详细信息的含义

其中，不同文件类型字符的含义如表 1.1 所示。

表 1.1　不同文件类型字符的含义

字符	–	b	c	d	l	s	p
类型	普通文件	块设备文件	字符设备文件	目录	符号链接	套接字文件	命名管道

权限有三组，前三个字符是用户的权限，中间是组的权限，后面三个字符是其他用户的权限。x 字符对文件来说是可执行，对目录来说是可进入。权限字符的含义如表 1.2 所示。

表 1.2　权限字符的含义

字符	r	w	x
权限	读	写	执行，对于目录表示进入权限

递归显示所有子目录和文件（强大的递归），执行命令 ls -R，如图 1.14 所示。

图 1.14　递归显示所有子目录和文件

1.4.3　创建文件和改变文件权限

创建文件和改变文件权限的操作过程如下。

（1）执行命令 cd~，进入自己的家目录。

（2）执行命令 touch file1。创建文件的方法有很多，不一定要用 touch。

（3）执行命令 ls –lh。h 参数只是将文件大小的显示方式改变为千字节（KB），如图 1.15 所示，可以看出 others（其他用户）是没有 write（写）权限的。

```
[root@iZuf64urovxt6smtbbwiiqZ ~]# touch file1
[root@iZuf64urovxt6smtbbwiiqZ ~]# ll
total 0
-rw-r--r-- 1 root root 0 Jan  4 22:44 file1
[root@iZuf64urovxt6smtbbwiiqZ ~]# ls -lh
total 0
-rw-r--r-- 1 root root 0 Jan  4 22:44 file1
```

图 1.15　创建文件和显示属性

（4）用命令改变文件权限。命令格式为 chmod o+w file1 或 chmod o=rw file1，修改后权限变为 rw-。

chmod 命令参数的含义如表 1.3 所示。

表 1.3　chmod 命令参数的含义

命令	用户	增减权限	权限	操作对象
chmod	u o g a	+（加入） -（除去） =（设定）	r w x	文件或目录

其中，u 表示文件的拥有者；g 表示文件所属的组；o 表示其他用户；a 表示所有人。

1.4.4　目录的创建和删除

1. 目录的创建

命令格式：mkdir [-p] 目录名。

执行命令 mkdir Documents 创建目录，如图 1.16 所示。

图 1.16　创建目录

在当前目录中建立目录 hadoop，在 hadoop 中建立子目录 Data，在 Data 中建立子目录 mydata，有了 -p 选项，这些子目录都可以一次建立起来，执行命令 mkdir-p. /hadoop/Data/mydata，如图 1.17 所示。

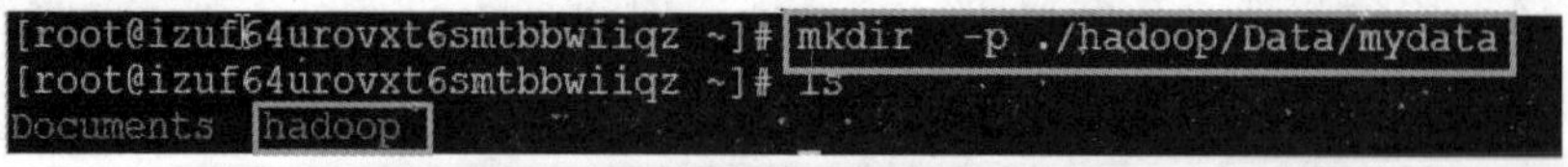

```
[root@izuf64urovxt6smtbbwiiqz ~]# mkdir  -p ./hadoop/Data/mydata
[root@izuf64urovxt6smtbbwiiqz ~]# ls
Documents  hadoop
```

图 1.17 同时创建多级子目录

2. 目录的删除

命令格式：rmdir [–p] 目录名。

删除目录之前，目录一定要空，也就是里面没有文件，所以需要手动一个一个地将子目录清空。

执行命令 rmdir hadoop 删除目录 hadoop。

1.4.5 给文件改名，或者在文件系统内移动文件或子目录

（1）给文件改名（看上去像是移动文件，其实是改名），执行命令 mv file1 file2，如图 1.18 所示。

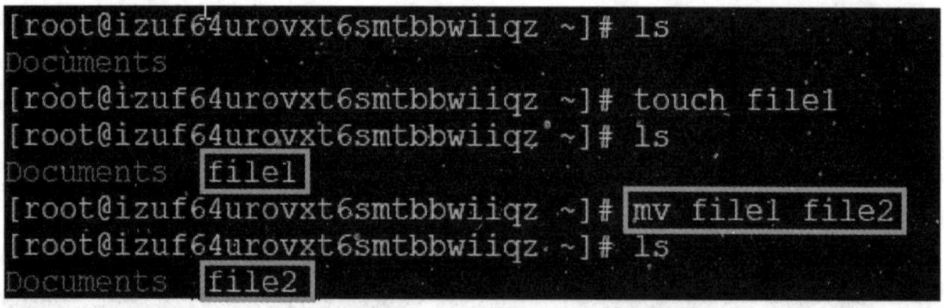

```
[root@izuf64urovxt6smtbbwiiqz ~]# ls
Documents
[root@izuf64urovxt6smtbbwiiqz ~]# touch file1
[root@izuf64urovxt6smtbbwiiqz ~]# ls
Documents  file1
[root@izuf64urovxt6smtbbwiiqz ~]# mv file1 file2
[root@izuf64urovxt6smtbbwiiqz ~]# ls
Documents  file2
```

图 1.18 给文件改名

（2）把文件 file2 移动到 Documents 目录，执行命令 mv file2 Documents，如图 1.19 所示。

```
[root@izuf64urovxt6smtbbwiiqz ~]# mv file2 Documents
[root@izuf64urovxt6smtbbwiiqz ~]# ls Documents
file2
```

图 1.19 移动文件

1.4.6　删除文件和目录

先用 touch 命令创建文件 file1、file2、file3、file4 等，新建目录 temp2，在 temp2 中新建目录 temp，然后通过执行下面的命令实现删除文件和目录。

（1）rm 命令一次删除一个或几个文件，如 rm file1 file2 file3。

（2）删除时有提示，file＊ 是指以 file 开头的所有文件，如 rm－i file＊。

（3）强制删除，如 rm－f file＊。

（4）将 temp2 子目录及子目录中所有文件删除（强大的递归参数 － r），如 rm－rf temp2。

使用删除文件和目录命令时应注意以下两点。

（1）有通配符＊时要十分小心。

（2）"rm－rf／"会删除 Linux 根目录下所有文件和目录。

1.4.7　复制文件

先建立 tempdir1、tempdir2 目录，然后放入一些文件，可以通过以下命令实现。

（1）同一目录下复制文件：cp-i file1 file2。

（2）将一个目录中的所有文件复制到另一目录：cp tempdir1／＊ tempdir2。

（3）复制整个文件夹（又用了递归）：cp－r tempdir1 tempdir2。

1.4.8　打包和压缩

在进行下面的操作前，先建立 mytest 目录，然后放入一些文件，如图 1.20 所示。

```
[root@izuf64urovxt6smtbbwiiqz ~]# mkdir mytest
[root@izuf64urovxt6smtbbwiiqz ~]# ls
Documents  mytest
[root@izuf64urovxt6smtbbwiiqz ~]# cd mytest
[root@izuf64urovxt6smtbbwiiqz mytest]# touch file1 file2 file3
[root@izuf64urovxt6smtbbwiiqz mytest]# ls
file1  file2  file3
[root@izuf64urovxt6smtbbwiiqz mytest]# cd ..
```

图 1.20　建立 mytest 目录和相关文件

打包和压缩命令 tar 的一些常用参数的含义如下：

-c：建立一个打包文件（create 的意思）；

-x：解压缩；

-v：有提示信息；

-f：给出文档名；

-z：压缩 gzip。

（1）将整个 mytest 目录下的文件全部打包。

执行命令 tar-cvf temp. tar mytest，仅打包，不压缩。

（2）打包压缩。

执行命令 tar-zcvf temp. tar. gz mytest，打包并以 gzip 压缩。压缩打包一个文件的命令如图 1.21 所示。

```
[root@izuf64urovxt6smtbbwiiqz ~]# tar -czvf temp.tar.gz mytest
mytest/
mytest/file3
mytest/file2
mytest/file1
[root@izuf64urovxt6smtbbwiiqz ~]# ls
Documents  mytest  temp.tar.gz
```

图 1.21　压缩打包一个文件

tar 命令默认是将文件解压到当前工作目录的，一般先用命令 cd 切换到一个目录，让它成为当前的工作目录，然后用 tar 命令将压缩文件解压缩到这个目录。如果将 temp. tar. gz 文件解压缩到 Documents 目录下，需要执行命令 tar-xzvf temp. tar. gz。

命令 -CDocuments 中，-C 是改变目录的意思。

图 1. 22 中的方法是先进入一个目录再解压缩，即先进入 Documents 目录，然后解压缩。

```
[root@izuf64urovxt6smtbbwiiqz ~]# pwd
/root
[root@izuf64urovxt6smtbbwiiqz ~]# cd Documents
[root@izuf64urovxt6smtbbwiiqz Documents]# tar -xzvf ../temp.tar.gz
mytest/
mytest/file3
mytest/file2
mytest/file1
[root@izuf64urovxt6smtbbwiiqz Documents]# ls
file2 mytest
```

图 1. 22　解压缩文件

1. 4. 9　查看文本内容

查看文本内容的命令有以下六种。

（1）cat：显示全部的文本内容，如命令 cat /etc/passwd，如图 1. 23 所示。

```
[root@izuf64urovxt6smtbbwiiqz Documents]# cat /etc/passwd
root:x:0:0:root:/root:/bin/bash
bin:x:1:1:bin:/bin:/sbin/nologin
daemon:x:2:2:daemon:/sbin:/sbin/nologin
adm:x:3:4:adm:/var/adm:/sbin/nologin
lp:x:4:7:lp:/var/spool/lpd:/sbin/nologin
sync:x:5:0:sync:/sbin:/bin/sync
```

图 1. 23　用 cat 命令查看文本内容

（2）tac：从最后一行到第一行，逆序显示文本内容，与 cat 命令的作用相反。

（3）more：按页显示文本内容，使用空格键向后翻页。

（4）less：按页显示文本内容，可以使用"PgUp""PgDn"键前后翻页。

（5）head：只显示文本头几行。

（6）tail：只显示文本最后几行。

1.4.10　重定向命令 > 和 >>

Linux 有以下三个标准设备。

（1）标准输入 stdin：其实就是键盘，代码为 0 ，设备为/dev/stdin。

（2）标准输出 stdout：其实就是显示器，代码为 1 ，设备为/dev/stdout。

（3）标准错误输出 stderr：代码为 2 ，设备为/dev/stderr。

大部分情况下，当执行命令的时候，我们希望结果在显示器（标准输出）上显示，但有时我们希望将执行结果放到一个文本文件中，这时我们可以用重定向命令 ls > filelist。这个命令会把 ls 的结果放到 filelist 这个文件中，如果文件不存在，会自动创建。如果这个命令再次被执行，filelist 中原有的内容会被覆盖。

如果用" >> "命令，则将新的内容追加到文件的末尾，不会影响原有内容。

cat file * >> filelist，这个命令就是将所有文件名开头是"file"的文件中的内容合并到 filelist 文件中，如图 1.24 所示。

```
[root@izuf64urovxt6smtbbwiiqz mytest]# ls
file1  file2  file3
[root@izuf64urovxt6smtbbwiiqz mytest]# cat file* >> filelist
```

图 1.24　重定向复制文件内容

1.4.11　管道 |

" | "字符键一般在键盘的回车键上面。

有时候想把上一个命令的执行结果作为下一个命令的输入，这时候就可

以用管道命令。例如，有一个文件夹中有很多文件，你想看看有没有包含 "cdrom" 的文件，可以执行命令 ls/dev | grep "cdrom"。

1.5　用户和组管理

1.5.1　用户和组管理涉及的配置文件

（1）与用户（user）管理相关的配置文件：

/etc/passwd　　用户配置文件；

/etc/shadow　　用户登录密码配置文件。

（2）与组（group）管理相关的配置文件：

/etc/group　　　组配置文件；

/etc/gshadow　　组登录密码配置文件。

其中，用户配置文件/etc/passwd，每行有 7 个字段，用 "：" 分割，可以用文本软件（如 cat、Vi 或 Vim）打开，如图 1.25 所示。

图 1.25　用户配置文件

用户配置文件中每个字段的含义如图 1.26 所示。

在 Linux 系统中有以下三类用户。

（1）root 用户：UID 为 0，拥有所有系统权限的管理员。

（2）系统用户：UID 在 1 ~ 499 之间，安装过程中自动创建，用于系统管理。

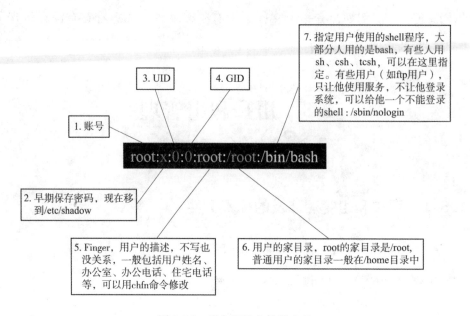

图 1.26　用户配置文件的含义

（3）普通用户：UID 在 500 以上，由 root 用户创建。

组配置文件/etc/group 每行有 4 个字段，用"："分割，如图 1.27 所示。

组配置文件中每个字段的含义如图 1.28 所示。

图 1.27　/etc/group 文件内容　　　　图 1.28　组配置文件的字段含义

1.5.2　创建一个用户

执行 useradd firstuser 命令创建一个用户，同时创建同名的组，并在/home 中为该用户创建同名的家目录，如图 1.29 所示。

```
[root@localhost ~]# useradd firstuser
[root@localhost ~]# ll /home
总用量 0
drwx------ 2 firstuser firstuser 62 12月 17 14:41 firstuser
```

图 1.29　创建用户

执行 cat　/etc/passwd 命令，查看/etc/目录下的 passwd 文件的最后一行，结果如图 1.30 所示。

```
firstuser:x:1000:1001::/home/firstuser:/bin/bash
```

图 1.30　新加用户配置

执行 cat　/etc/group 命令，查看/etc/目录下的 group 文件的最后一行，结果如图 1.31 所示。

```
firstuser:x:1001:
```

图 1.31　新加组配置

useradd 命令的一些常用参数的含义如下：

-M：不创建家目录；

-s：指定 shell；

-d：指定家目录的路径，不用默认的；

-g：加入指定初始组；

-G：加入其他组。

其他相关命令：usermod，用户修改；userdel，用户删除。

1.5.3　修改用户密码

root 用户修改别人的密码，其命令的格式为 passwd firstuser，如图 1.32 所示。

每个用户修改自己的密码，只需要输入 passwd 命令，接下来按提示进行修改。

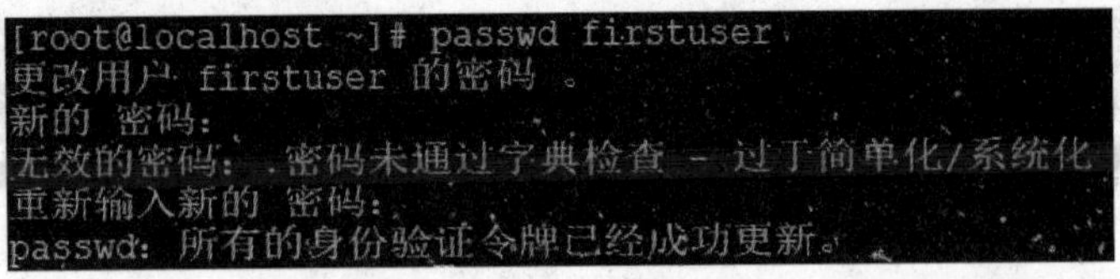

```
[root@localhost ~]# passwd firstuser
更改用户 firstuser 的密码。
新的 密码:
无效的密码: 密码未通过字典检查 - 过于简单化/系统化
重新输入新的 密码:
passwd: 所有的身份验证令牌已经成功更新。
```

图 1.32　root 用户修改别人的密码

1.5.4　组的建立和管理

通过一个实例来体会组的建立和管理，步骤如下：

（1）新建用户 user1、user2，然后设置密码；

（2）新建一个电商分析项目组 ecom_prj；

（3）将用户 user1、user2 加入组。

输入命令如下：

```
useradd user1

useradd user2

groupadd ecom_prj

usermod user1 - G ecom_prj

usermod user2 - G ecom_prj
```

或：

```
gpasswd - a user1 ecom_prj

gpasswd - a user2 ecom_prj
```

在/etc/group 文件中看到 ecom_prj 组中加入了用户 user1 和 user2，如图 1.33 所示。用户 user1、user2 加入 ecom_prj 组后，ecom_prj 组成为这两个用户的附加组。

```
user1:x:1002:
user2:x:1003:
ecom_prj:x:1004:user1,user2
```

图 1.33　用户加入组

修改组密码的方法如图 1.34 所示。

```
[root@localhost ~]# gpasswd ecom_prj
正在修改 ecom_prj 组的密码
新密码:
请重新输入新密码:
[root@localhost ~]# cat /etc/gshadow|grep ecom_prj
ecom_prj:$6$TLSYePL3Z$RoXkfo0CGiyjvFcoJZim4kYnbuCo75T9q81/F.A9lQMehleqFH8U
5OiCcuXytAZZ6nKmMCrSq3mmFFr.::user1,user2
```

图 1.34　修改组密码

查看不同用户的组的方法如图 1.35 所示。

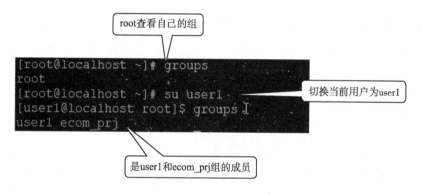

图 1.35　查看不同用户的组

如果要将组的管理权限授予用户 user1（如有多个用户，用逗号分隔），可执行命令 gpasswd–A user1 ecom_prj，结果如图 1.36 所示。

```
[root@localhost ~]# cat /etc/gshadow|grep ecom_prj
ecom_prj:$6$TLSYePL3Z$RoXkfo0CGiyjvFcoJZim4kYnbuCo75T9q81/F.A9lQMehle
5naUR35OiCcuXytAZZ6nKmMCrSq3mmFFr.:user1:user1,user2
```

图 1.36　设置组管理员

现在用户 user1 是管理员，登录后将用户 user3 加入组，方法如图 1.37 所示。

```
[user1@localhost root]$ gpasswd -a user3 ecom_prj
正在将用户"user3"加入到"ecom_prj"组中
```

图 1.37　用户 user3 加入组

1.6 Linux 的服务与进程管理

进程是程序的执行，进程和程序的区别就在于程序是文件，而进程是执行（也可以认为是内存中的数据结构，有生命周期）。当一个用户登录 Linux 系统时，就会获得 bash 的 shell，这个其实就是该用户获得的第一个进程。用户使用这个 shell 接口运行其他程序时，就会创建新的进程，从而形成以第一个进程为根（父进程）的进程树，其他进程是该进程的子进程。

进程有以下五种状态。

（1）R：运行，表示正在运行或在运行队列中等待。

（2）S：休眠中，运行受阻，表示在等待某个条件的形成或接收到信号。

（3）D：不可唤醒，表示收到信号不唤醒和不可运行，进程必须等待，直到有中断发生。

（4）Z：僵死，表示进程已终止，但进程描述符存在，直到父进程调用 wait( )后释放。

（5）T：停止，表示进程收到 SIGSTOP、SIGSTP、SIGTIN、SIGTOU 等信号后停止运行。

1.6.1 查看当前进程的状态

命令 ps 常用的参数的含义如下：

a：显示现行终端机下的所有程序，包括其他用户的程序；

−A：显示所有程序；

-l：以长格式显示进程信息；

u：以用户为主的格式来显示程序状况；

x：显示所有程序，不以终端机来区分。

ps 命令的使用方法有以下六种。

（1）如果只是看和自己的 bash 有关的进程：执行命令 ps 或更详细的 ps-l 。

（2）查看系统所有进程的数据：执行命令 ps aux 。

（3）如果需要获取特定进程信息，可以用管道：执行命令 ps aux ｜ grep 进程名。

（4）查看特定用户（hadoop）进程：执行命令 ps-u hadoop。

（5）查看进程树：执行命令 pstree-Aup。

-A：进程间连接用 ASCII 字符。

-p：列出每个进程的 PID。

-u：列出进程所属的账号名称。

（6）查看和进程相关的动态信息：执行命令 top-d2-p 8992，每隔两秒更新一次，只显示进程 8992 的信息，按"Q"键退出。

1.6.2　控制进程

（1）当需要终止一个终端正在运行的进程时，通常使用"Ctrl+C"组合键来完成操作。

（2）当需要终止一个系统在后台执行的进程时，就要使用 kill 命令。命令格式为kill［-信号］［PID］，表示通过向进程发送指定的信号来终止进程。例如，kill-SIGKILL 3359 或 kill-9 3359。

（3）显示信号名称列表，执行命令 kill-l。

常用的信号有以下几种：

SIGHUP：重启程序；

SIGINT：终止正在运行的进程，相当于使用"Ctrl + C"组合键；

SIGKILL：终止正在运行的进程；

SIGTERM：终止正在运行的进程，但让其正常运行完；

SIGSTOP：相当于使用"Ctrl + Z"组合键（暂停）。

（4）用程序名关闭进程，执行命令 killall［- eIgiqrvw］［-信号］程序名…（如果命令 killall 不能用，先执行命令 yum install psmisc）。

该命令常用的参数的含义如下：

-I，--ignore-case：匹配进程名时忽略大小写，执行命令 killall -I -9 vim，如图 1.38 所示；

```
[hadoop@localhost ~]$ ps
   PID TTY          TIME CMD
 10301 pts/1     00:00:00 bash
 10948 pts/1     00:00:00 bash
 10973 pts/1     00:00:00 vim
 10989 pts/1     00:00:00 ps
[hadoop@localhost ~]$ killall -I -9 vim
[1]+ 已杀死                  vim
```

图 1.38 关闭进程

-g，--process-group：终止进程组而不是进程；

-i，--interactive：在终止进程前要求确认，如执行命令 killall -i -9 bash；

-u，--user：用户仅终止"用户 freeman"的进程，如执行命令 killall -u freeman；

-v，--verbose：信号成功送出时打印信息。

1.7　shell 编程

shell 的使用方式有两种，一种是我们前面看到的用命令交互的方式，另一种是用脚本 script 的方式。历史上曾经出现过很多的 shell，例如：

- Bourne shell（Stephen Bourne，1979 年），简称 sh；
- C shell（Bill Joy，20 世纪 70 年代末期）；
- Korn shell（David Korn，20 世纪 80 年代中期）。

Linux 支持 Bourne shell、C shell 和 Korn shell，标准 shell 为 bash（GNU Bourne-Again shell）。

命令：echo $shell，可以知道自己用的是什么 shell；which bash，可以知道自己用的 bash 在哪个目录。

1.7.1　了解 shell 编程的基本要点

通过编写第一个程序，了解 bash 解析程序和 Linux 的可执行文件，以及变量的定义和引用。该程序在终端中的执行过程如下（最前面的 $ 是系统提示符）：

(1) $which bash >hello.sh

(2) $vim hello.sh

在打开的文件中添加如下内容：

```
#!/bin/bash
#声明变量
STRING = "Hello"
#引用变量
echo $STRING
```

(3) $ ls

(4) $ bash hello. sh

(5) $ chmod + x hello. sh

(6) $ ls

(7) $. /hello. sh

(8) Hello

其中：

第（1）句用了重定向，把 shell 的解释程序的地址放到文件中；

第（4）句是运行 shell 程序的方法；

第（5）句是为 shell 程序添加可执行的权限。

通过观察程序可以发现，在 shell 程序中获得变量的值需要在变量名前面加上 $ 符号。

1.7.2　自定义变量

输入并运行下面的 backup. sh，功能为备份自己的文档，其中 Documents 目录需要自己创建或另外指定。

(1) #!/bin/bash

(2) OF = $ (whoami) $ (date + % Y% m% d). tar. gz

(3) tar - czf $ OF Documents

1.7.3　给脚本传递参数

输入并运行 arguments. sh。

(1) #!/bin/bash

(2) #$1, $2, $3 是预定义参数, 表示命令后面跟的第 1, 第 2, 第 3 个参数

(3) #在单引号内的 $ 字符不再起到从变量中取值的作用

(4) echo '第1,第2,第3个参数($1,$2,$3):' $1 $2 $3

(5) #$@就是所有的参数

(6) echo '所有的参数($@)':$@

(7)

(8) # $#存放参数的个数

(9) echo '参数的个数($#)': $#

1.7.4　获得用户的输入

获得用户的输入操作如下。

(1) #!/bin/bash

(2) read-p "请输入用户名: " name

(3) read-p "请输入密码:" password

(4) echo "你输入的是: \" $name \" \" $password \""

(5) echo -e "是否正确?(y/n) \c"

(6) #如果read后面没有变量,也可在预定义变量$REPLY中,拿到最后的输入

(7) read

(8) echo "你选的是: $REPLY"

(9) echo -e "你喜欢的颜色有哪些? \c"

(10) #-a表示读到数组中,后面跟的是数组名

(11) read-a colours

(12) echo "你喜欢的颜色是:${colours[0]}, ${colours[1]} and

(13) ${colours[2]}:-)"

1.7.5　算术运算

在终端, 用图 1.39 中的命令试验下面的四种赋值表达式。

```
[root@iZuf64urovxt6smtbbwiiqZ ~]# r=`expr $m + 1`
[root@iZuf64urovxt6smtbbwiiqZ ~]# echo $r
1
```

图 1.39　变量赋值和取值

(1) r = 'expr $m + 1'	注意:运算符 + 两边要有空格,否则当做字符串,乘法运算符需要转义: r = 'expr 20 * 5'
(2) let m = m + 1	注意: = 两边、+ 两边不可以有空格,变量取值可以不用 $
(3) r = $[3 * 5]	比较自由,与 C 语言的语法很相似,空格不受限制,支持的运算符:
(4) r = $((m + 1))	+ － ++ －－ * / % ** (幂) 变量取值可以不用 $

1.7.6　选择语句

判断文件夹是否存在。

(1) #!/bin/bash

(2) directory = " $HOME/Scripts"

(3)

(4) # bash check if directory exists

(5) if [- d $directory]; then

(6) 　echo "Directory exists"

(7) else

(8) 　echo "Directory does not exists"

(9) fi

表 1.4 所示为一些运算符及含义。

表1.4　运算符及含义

运算符	含义(满足下面要求时返回 TRUE)
-e file	文件 file 已经存在
-f file	文件 file 是普通文件
-s file	文件 file 大小不为零
-d file	文件 file 是一个目录
-r file	当前用户可以读取文件 file
-w file	当前用户可以写入文件 file
-x file	当前用户可以执行文件 file
-g file	文件 file 的 GID 标志被设置
-u file	文件 file 的 UID 标志被设置
-O file	文件 file 是属于当前用户的
-G file	文件 file 的组 ID 和当前用户相同
file1 -nt file2	文件 file1 比 file2 更新
file1 -ot file2	文件 file1 比 file2 更老

1.7.7　算术比较

算术比较的操作如下。

(1) #!/bin/bash

(2) #声明整数

(3) NUM1 =2

(4) NUM2 =1

(5) if 　[$ NUM1 -eq $ NUM2]; then

(6) 　　echo "两数相等"

(7) elif [$ NUM1 -gt $ NUM2]; then

(8) 　　echo "NUM1 比 NUM2 大"

```
(9) else

(10)    echo "NUM2 比 NUM1 大"

(11) fi
```

用(( ))更自由和友好，不需要 $ ，不用考虑空格等。

```
(1) #!/bin/bash

(2) #声明整数

(3) NUM1 = 2

(4) NUM2 = 1

(5) if((NUM1 = = NUM2)); then

(6)    echo "两数相等"

(7) elif((NUM1 > NUM2)); then

(8)    echo "NUM1 比 NUM2 大"

(9) else

(10)    echo "NUM2 比 NUM1 大"

(11) fi
```

1.7.8 字符串比较

字符串比较的操作如下。

```
(1) #!/bin/bash

(2) #声明字符串 S1

(3) S1 = "Bash"

(4) #声明字符串 S2

(5) S2 = "Dash"

(6) if [ $ S1 = $ S2 ]; then

(7)    echo "两个字符串相等"

(8) else
```

(9)   echo "两个字符串不相等"

(10) fi

1.7.9 for 循环

for 循环的操作如下。

(1) #!/bin/bash

(2) # for 循环

(3) for f in $(ls /var/); do

(4)   echo $f

(5) done

1.7.10 while 循环

while 循环的操作如下。

(1) #!/bin/bash

(2) COUNT = 6

(3) # while 循环

(4) while [$ COUNT - gt 0]; do

(5)   echo 循环计数为: $ COUNT

(6)   let COUNT = COUNT - 1

(7) done

1.7.11 until 循环

until 循环的操作如下。

(1) #!/bin/bash

(2) COUNT = 0

(3) # until 循环

(4) until [$COUNT - gt 5]; do

(5)   echo 循环计数为：$COUNT

(6)   let COUNT = COUNT + 1

(7) done

1.7.12　函数

函数的操作如下。

(1) #!/bin/bash

(2) #函数定义的顺序是任意的

(3) function function_A {

(4)   echo Function A.

(5) }

(6) function function_B {

(7)   echo $1

(8) }

(9) function function_D {

(10)   echo Function D.

(11) }

(12) function function_C {

(13)   echo $1

(14) }

(15) #函数调用

(16) #简单调用

(17) function_A

(18) #给函数传递参数的方法

(19) function_B "Function B. "

(20) function_C "Function C. "

(21) #简单调用

(22) function_D

1.7.13　程序调试

程序调试的过程分为以下两步。

1. 语法检查

将 str_compare. sh 代码中最后的 fi 去掉，保存。

```
if [ $S1 = $S2 ]; then
    echo "两个字符串相等"
else
    echo "两个字符串不相等"
fi
```

运行命令：bash-n str_compare. sh。

2. 调试模式

运行命令：bash-x str_compare. sh，如图 1.40 所示。

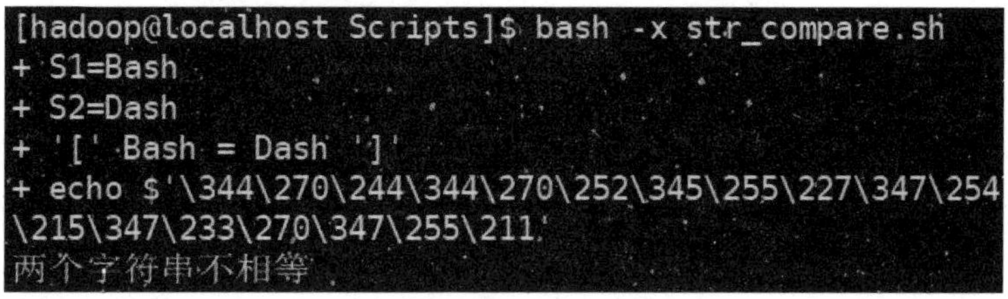

图 1.40　调试模式执行代码

前面有 + 的是执行的代码，有多个 + 表示命令行中又调用了其他命令。

第 2 章

常见数据量化分析

常见数据量化分析

数据分析面对的问题是在不确定中寻找确定的规律。所以，统计学是数据分析的理论基础之一。作为数据分析的初学者，需了解概率论中的基本概念，如随机试验、随机事件、样本空间、随机变量、频数、概率、基本的概率分布等。

数据分析常常用到描述性分析，该方法简单有效，不需要复杂的数学知识背景，但是可以帮助人们直观地认识数据的规律。常常利用数据可视化进行数据的频数分析、集中趋势分析、离散程度分析、数据分布情况分析等。

推论性分析也是基本的统计分析方法。因为在大多数场景中，人们无法获得总体数据，不得不通过样本的统计量推断总计的统计量，这个时候就需要用到参数估计和假设检验。

在实际的数据分析工作中，不可避免地需要根据业务的需求设置指标，可以被指标量化的事物才能成为数据分析对象。所以，本章简单介绍指标的概念、指标体系，以及利用指标进行数据分析的简单方法。

2.1 概率与分布的基本知识

概率论是统计的基础。概率的理论最早产生于赌博游戏，是数学家为了研究胜率而产生的。对概率论的发展做出重要贡献的人有帕斯卡、费马、惠更斯、伯努利等。

有些事情，在发生之前就能知道有哪些可能的结果，但是就具体的一次发生来说却不能预测是什么结果。例如，抛硬币这件事，事先就知道只有正面和反面两种结果，但是抛的时候并不能预知结果。

上面所述的"抛硬币"在概率论中称为随机试验，抛出正面（或者反面）称为随机事件，如果在一次试验中抛出正面，描述为出现正面事件。如果抛了很多次硬币，每次的结果就是一个样本。随机变量（一般用一个大写字母表示）用数值来表示随机事件的结果，对样本空间中的可能结果设定一个数值，如把正面映射设为1，把反面映射设为0。

随机变量可分为离散随机变量和连续随机变量。离散随机变量的取值都是整数。连续随机变量的取值是连续的，可能有无限多个，如降雨量等。

概率分布描述随机变量取值的概率规律，用统计图来表示随机变量的所有可能结果及其发生的概率。横轴是随机变量的数字，也就是随机事件的所有可能结果，纵轴是横轴上的可能结果发生的概率。

根据随机变量类型，将概率分布分为离散概率分布和连续概率分布两种。常见的离散概率分布有伯努利分布、二项分布、几何分布、泊松分布等。例如，抛硬币的随机试验，正面向上为随机事件，随机变量 X 的取值分别是0次正面、1次正面、2次正面……5次正面。用随机变量 X 的取值作为 X 轴，概率作为 Y 轴，可以看出概率分布情况是：出现2次正面和3

次正面的概率比较高，而 0 次正面和 5 次正面的情况比较少。这类分布是二项分布，如图 2.1 所示。

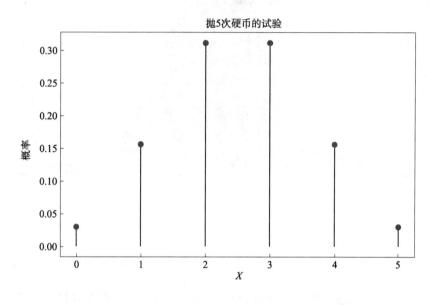

图 2.1　二项分布

常见的连续概率分布有正态分布、幂律分布。图 2.2 是标准正态分布，其均值为 0，标准差为 1。和离散概率分布不同的是，连续概率分布的概率是曲线下面的某个区间的面积。例如，$P(1 \leq X < 2)$ 在离散概率分布中，就是描述随机变量 X 大于等于 1 小于 2 的概率；在正态分布图上，P 表示 X 取值在 1、2 之间的面积。实际统计数据的均值和标准差千差万别，但是由于人们往往关心的是概率，所以可以把实际的正态分布转换为标准正态分布，这种转换称为 Z 分数（Z-Score）或标准分数（Standard Score），公式如下：

$$z = \frac{x - \mu}{\sigma}$$

式中，x 是样本值；μ 是均值；σ 是标准差；z 是变换后的值。

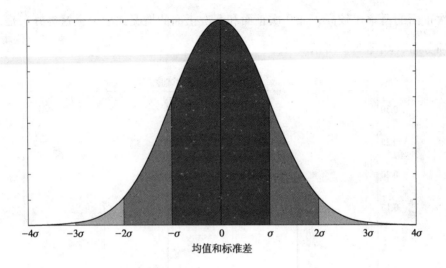

图 2.2　标准正态分布

2.2　描述性分析中统计量的计算和推论性分析中的假设检验

描述统计是指运用制表、图形呈现、分类及计算等方法来概括性描述数据的统计特征。

描述性分析是指找出调查对象基本的内在规律和统计性描述，主要包括数据的频数分析、集中趋势分析、离散程度分析、分布，以及一些基本的统计图形。

（1）数据的频数分析：频数也称"次数"，需要按某种标准对总数据进行分组，并统计出已分组组内所含个体的个数。在数据的预处理部分，利用频数分析可以检验异常值。图 2.3 所示为用柱状图表示频数。

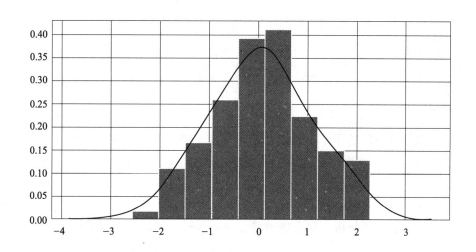

图 2.3　用柱状图表示频数

（2）数据的集中趋势分析：可以理解为数据的趋中程度，常用的指标有平均值、中位数和众数等。箱线图可以用来表现最大值、最小值、平均值、异常值。图 2.4 所示为箱线图。

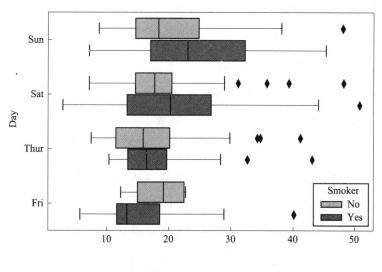

图 2.4　箱线图

（3）数据的离散程度分析：可以理解为数据远离中心值的程度，常用的指标有极差、方差、标准差和四分位距。

（4）数据的分布：由于在统计分析中，通常需要假设要选取样本的总体是否符合正态分布，因此需要用偏度和峰度两个指标来检查样本数据是否符合正态分布。

在数据分析的过程中，我们常常不知道总体，所以只能通过样本来推断总体，如通过样本的均值来推断总体的均值，或者用样本的方差来推断总体的方差。

另外，在数据分析中也会遇到需要对一些假设进行统计数据验证的情况。例如，一种药物的有效率是否达到85%，一台设备是否按照设计的要求正常工作等。这个过程称为假设检验。假设检验的过程包括以下几个步骤。

（1）选择检验的统计量并提出要检验的假设。

（2）根据显著性水平确定拒绝域。

（3）计算检验统计量的 p 值。

（4）查看样本的结果是不是在拒绝域内。

（5）接受或推翻假设。

案例：一条生产线称装洗洁精，洗洁精的额定标准重量为450g，根据以往经验，洗洁精的实际装瓶重量服从正态分布 $N(\mu, \sigma_0^2)$，其中 $\sigma_0 = 10$g。为检验生产线工作是否正常，我们随机抽取10瓶，称得洗洁精净重数据如下（单位：g）：

444　455　468　433　470　451　456　445　448　460

若取显著性水平 $\alpha = 0.01$，那么这条生产线工作是否正常？

所谓生产线工作正常，即生产线称装洗洁精的重量的期望值应为额定标准重量450g，多装了厂家要亏损，少装了损害消费者利益。因此，要检验生产线工作是否正常，用统计量表示就是 $\mu = 450$ 是否成立。

假设检验的步骤如下。

（1）选择检验的统计量并提出要检验的假设。

其中，H_0是原假设；H_1是备择假设。H_0表示选择均值为检验的统计量，并假设设备是正常工作的。H_1表示设备工作不正常。

$$H_0：\mu = 450；\qquad H_1：\mu \neq 450$$

按这个假设，最后决策可能会出现两类错误：当 H_0 为真时，拒绝 H_0；当 H_0 为假时，接受 H_0，如表 2.1 所示。

表 2.1　假设检验

		接受 H_0	拒绝 H_0
实际	H_0 为真	正确	第一类错误
	H_0 为假	第二类错误	正确

（2）根据显著性水平确定拒绝域。

要确定拒绝域，先要确定临界值。所谓临界值就是一个边界，超过这个边界，就不能接受 H_0 假设。显著性水平一般用 α 表示，常用的值是 $\alpha = 0.05$，其实是表示如果证据出现在 5% 的小概率空间，那么这个证据表明 H_0 的假设是不对的，也就是在拒绝域。

在本例中，$\alpha = 0.01$，标准差 $\sigma_0 = 10g$，样本的均值是服从正态分布的。选择统计量"均值"意味着向左或向右偏移太多都是不可接受的，所以是双尾检验（Two-Sided Test），每一侧的概率是 $\alpha/2 = 0.005$，如图 2.5 所示。

通过显著性水平和正态分布就可以确定临界值，其实就是偏移了多少标准差。由于现在有很多计算工具（如 Excel、Python），因此，不需要转换成标准正态分布再去查表。通过计算工具［如用 Excel 公式 NORM. INV（1 - 0.005，450，10）］计算出临界值：左侧 425 和右侧 475，也就是小于 475 或大于 425 都在拒绝域中。

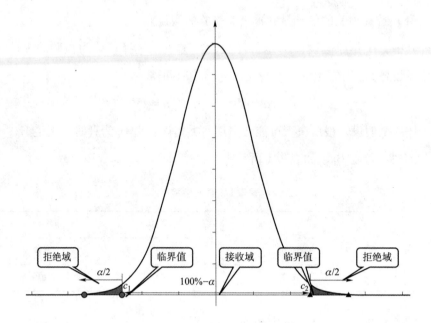

图 2.5 双尾检验

（3）计算检验统计量的 p 值。

计算样本的均值：

$$\bar{x} = \frac{444 + 455 + 468 + 433 + 470 + 451 + 456 + 445 + 448 + 460}{10} = 453$$

计算标准分数（Z – Score）：

$$z = \frac{\bar{x} - \mu}{\sigma} = \frac{453 - 450}{10} = 0.3$$

计算 p 值，可以直接使用计算工具 ［如用 Excel 公式（1 – NORMSDIST（0.3））×2］，计算结果为 0.7641。p 值是犯第一类错误的概率，当大于显著性水平 α 时，说明已经不能接受。本例中，p 值为 0.7641，不接受 H_0 的风险很大。

（4）查看样本的结果是不是在拒绝域内。

显然，样本的均值大于 425 且小于 475，不在拒绝域中，和 p 值的检验一致。

（5）接受或推翻假设。

根据以上计算结果，显然需要接受 H_0。

2.3 统计指标的种类和指标体系的特点

可以被量化的事物才能成为数据分析对象，量化的表现就是有指标能描述事物。一个完整的统计指标（Statistical Indicator）应该由四个要素组成：指标名称（说明所反映现象数量特征的性质和内容）、统计的时间界限和空间范围、计量单位、指标的数值。例如，公司 2019 年华东区销售额 24000 万元。

若要描述总体数据，仅使用一个指标是不够的，通常需要使用多个相关指标，而这些相关又相互独立的指标所构成的统一整体，即指标体系。指标体系（Indicator System）是由一系列相互之间有逻辑联系的指标所组成的整体，从各个侧面反映出现象总体或样本的数量特征。单个指标不能叫指标体系，几个毫不相关的指标也不能叫指标体系。在实际分析时需要根据不同的业务和分析目的建立指标体系，如表 2.2 所示。

表 2.2 不同指标体系

	销售额
运 营	变动成本
	固定成本
	毛利率
	客单价
客户价值	消费频率
	流失率

可以用下面的标准来评价一个指标的好坏。

（1）指标的比较性：好的指标之间是可以相互比较的。如果能够比较业务的某个指标在时间维度、用户群体、竞争产品之间的表现，就可以更好地洞悉业务的变化趋势。例如，"转化率为 5%" 和 "本周的用户转化率比上周提高了 1%"，显然后者更能揭示业务的规律。

（2）指标的可理解性：好的指标是简单易懂的。如果人们不能明白指标代表的含义或不容易讨论，那么就不适合用它来驱动公司的运营和管理。

（3）指标的可指导性：好的指标会促使员工和管理人员采取必要的行动，使公司的运营与目标保持一致。不好的指标可能导致员工的行为与公司的目标背道而驰。某公司的销售总监将业务员的季度奖金与手中正在洽谈的订单数量挂钩，而不是根据一段时间内已签订单数量或利润率考评。这就会导致业务员在考评期间大量制造低质量客户，并将客户长时间停在 "接洽" 状态，最终浪费了业务员的时间和精力，使得利润率下降。

想要找出正确的指标，就需要了解指标的类别。分析师最关心的是能够推动企业发展的指标，即关键绩效指标（KPI）。每个行业都有自己的关键绩效指标。例如，理发店的关键绩效指标可能是每天洗剪吹的客户数量；股票投资者的关键绩效指标可能是回报率；自媒体运营者的关键绩效指标可能是文章的阅读量、接广告的数量，等等。

注意，指标的分类标准并不是唯一的，指标的不同分类包括以下几种。

（1）定性指标与定量指标。

定量指标，是指可以被统计或比较的指标。定量指标容易理解，并且有数据科学性，易于统计和收集。在企业起步阶段，定量数据比较稀缺，需要在各个方面收集定量数据。

定性指标，通常是经验性的、揭露性的、非结构化的并且难以统计的指标。收集定性数据需要提前准备。比如，为产品制定新价格向客户调研时，提出的问题既要有针对性，又不能使客户对该产品失去兴趣。

（2）虚荣指标与可行动指标。

虚荣指标，是指表面指标，这部分指标通常特别宽泛，乍一听会让人记住，但是无法用于相关的运营和决策。例如，注册用户数看上去很多，但是实际上很难实现企业的运营目标。

可行动指标，是指运营性的指标，这类指标可以为员工指明工作的方向，帮助决策层优化商业路径，决定下一步行动计划。例如，Facebook 刚成立的时候就以"月活跃用户数"作为 KPI，最终成为著名的社交网络企业。

（3）先见性指标与后见性指标。

先见性指标，是指可以用于预测企业未来情况的指标，通过对未来的预测，指定利益最大化的策略。

后见性指标，是用于揭示当前存在的问题的指标。企业发现存在的问题后，通过干预减少损失。

（4）相关性指标与因果指标。

相关性指标，是指某些存在关联性的指标。在这些指标中，一个指标变化的同时，另一个指标也会随之变化，但是各个指标之间不存在因果关系。仅仅关注指标之间单一的关联而不追溯因果关系会导致做出错误的决定。

因果指标，是指某些存在因果关系的指标。一个或多个指标的改变（自变量）能够对另一个指标产生影响，如销售额与客单价。

2.4　数据分析的方法

常见的数据分析方法有以下五种。

1. 对比分析法

对比分析法是把两个有联系的指标数据进行对比，从数量上展示并说明研究对象的情况，如数量的多少、水平的高低、速度的快慢、关系的协调程度等。对比分析法包括横/纵向对比、标准对比、实际与计划对比等，可以是单指标对比，也可以是多个指标的综合评估。

2. 分组分析法

分组分析法是根据研究目的和研究对象的内在特点，按一个或相互独立的多个特征把研究对象划分为若干不同的组，对研究对象的内部结构或研究对象之间的依存关系从定性或定量的方向做拆分研究，从中探寻规律，进而及时发现问题并找到合适的解决办法。注意，在分组的时候必须遵循穷尽原则和互斥原则。

3. 结构分析法

结构分析法是在统计分组的基础上，通过计算各个组成部分所占的比重，进而分析出总体现象的内部结构特征、性质、随着时间推移所表现出来的内部结构变化规律的统计方法。公式：结构指标（%）=（总体中某一部分/总体总量）×100%。

4. 平均和变异分析法

平均指标是指同质总体中各单位某一指标值的平均值；变异指标则是反映总体各单位标志值差异程度的指标，常用的变异指标是标准差和标准差系数。平均指标与变异指标结合起来才能全面地评价总体，既反映出总体的一般水平，又体现出总体内部存在的差异性。

案例：甲单位月平均工资 3200 元，标准差为 120 元，标准差系数为120 ÷ 3200，结果为 3.75%；乙单位月平均工资为 1600 元，标准差为 80 元，标准差系数为 80 ÷1600，结果为 5%。这说明甲单位的平均工资比乙单位更具有代表性。

5. 交叉分析法

交叉分析法又称立体分析法，是在纵向分析法和横向分析法的基础上，从交叉、立体的角度出发，由浅入深、由低级到高级的一种分析方法，解决了独立的分析法所带来的差别问题。

案例：假设 A 公司净资产收益率为 0.3%，营业利润率为 0.69%，每股收益为 0.13 元。而 B 公司净资产收益率为 8%，营业利润率为 11%，每股收益为 0.32 元。横向的比较反映出 B 公司优于 A 公司。但是如果纵向比较两公司的年度数据，就会发现 A 公司的上述各项指标都在逐年上升，而 B 公司的上述各项指标都在逐年下降，这时就需要考虑 B 公司是否真的优于 A 公司。

第 3 章

大数据处理技术

第3章

大数据处理技术

随着互联网的发展，最早面对大数据的是运维搜索引擎的公司，如Google、百度等，然后就是运维社交网络、电子商务的公司，如腾讯、阿里巴巴、Facebook、Twitter、亚马逊等。现在大数据的概念和价值正被大众广泛地认知和重视，大数据的价值利用正在改变众多的行业。

大数据一开始是通过大量网页、个人博客、社交媒体、社交网络、网上销售等产生的，后来随着传感器越来越便宜，移动设备、用户的地理信息、遥感、软件日志、相机、麦克风、射频识别（RFID）、无线传感器网络成为新的更加庞大的数据源，有人推算每隔三年全世界产生的数据量就会翻一倍。因为存储成本的下降，廉价和大量的信息开始被收集和利用起来。

3.1 什么是大数据4V特征

Gartner的分析师Doug Laney早在2001年就提出了著名的大数据"3V"定义，即Volume、Velocity、Variety。

Volume（容量）：巨大的体量，每天从各种来源产生的海量数据。

Velocity（速度）：数据流的速度是前所未有的。

Variety（多样性）：来源广泛，数据格式和种类繁多，有结构化、非结构化和半结构化数据。

随着人们对大数据的深入了解，4V 逐渐被广泛接受，也就是在原来的基础上再加上 Value（价值），这说明大数据具有极高的价值，但是价值密度比较低。

3.2 大数据的存储与分析

面对大数据，传统的计算机体系结构、数据库管理系统、数据分析软件在存储能力、处理能力和处理速度上都已经无法满足要求，因为数据处理工作可能需要在数十台甚至数千台服务器上进行，而且硬件设备需要不断扩充。这就要求在数据量大幅增加的情况下，系统具有良好的横向可扩展性，也就是只需要不断向网络添加廉价的服务器，就能扩充存储和计算的能力，不需要对现有系统做任何调整。

分布式系统在硬件上是一组分布式节点（服务器、组件），它们通过网络相互连接，并且通过分布式系统的协同软件协同所有的节点，并为用户提供简单的界面，使用户感觉所使用的系统是统一的，即用户无须了解复杂的硬件系统。

由于使用分布式系统，就需要面对网络故障和设备单点故障给数据存储和处理带来的问题。一个分布式系统是无法同时满足一致性（C）、可用性（A）、分区容忍性（P）的。

一致性（C）：在分布式系统中的所有数据副本都是一样的，而且在并发操作的过程中始终是一致的。例如，银行应用程序，在分布的、并发的操作过程中始终显示正确的账户余额。

可用性（A）：当部分节点或网络出现故障后，分布式系统作为整体能否继续提供可靠的服务。

分区容忍性（P）：如果因为网络的问题，导致数据副本不一致，就会出现分区。分区容忍性就是在多大的程度上容忍数据副本不一致。

系统设计可能的选项有以下三种。

（1）选择 CA：如银行应用程序，不能出现分区（数据副本不一致），也就是分区容忍度为 0，因为数据分区可能导致账户余额出现错误，所以只能选择 CA。

（2）选择 AP：数据副本可能不一致。有些数据即使较长时间不一致也没有什么后果，如用户评论，在不同的节点上只更新局部的评论数据，当系统空闲时再根据需要对数据副本进行统一处理。

（3）选择 CP：不强调可用性。前面提到银行应用程序常常选择 CA，当数据副本不一致的时候应用就不能用了，但是能不能在部分数据副本不一致的时候，提供一定的可用性，如不是查余额，而是查历史信用，这时可以选择 CP，也就是允许分区，牺牲部分可用性。

分布式系统无法同时满足 CAP，策略必然是选择其中两个，降低第三个的期待。

3.3　Hadoop 概要

据 Hadoop 的联合创始人 Doug Cutting 和 Mike Cafarella 所述，Hadoop 的起源是 Google 的两篇文章：*The Google File System* 和 *MapReduce：Simplified Data*

Processing on Large Clusters；Hadoop 最初是为了开发搜索引擎 Nutch 而开发的，由于其在 Nutch 引擎中有着良好的应用，2006 年从 Nutch 中分离出来，成为一套完整而独立的软件；Doug Cutting 以他儿子的玩具大象的名字 Hadoop 为其命名，从 Nutch 中分离出来的初始代码包括用于 HDFS（Hadoop Distributed File System）的大约 5000 行代码和用于 MapReduce 的大约6000行代码。

搜索引擎先要用爬虫把全球的网页都抓下来，然后建立索引。由于网页的内容是不断改变的，所以对海量的数据建立索引、更新索引是一项计算量巨大的工作。同样，用户查询索引时，由于巨大的并发用户数，响应时间又限制在 1 秒左右，而且检索结果还有质量要求，难度也很大。Google 解决上述问题的技术手段分别是 GFS、MapReduce 和 BigTable。

2008 年 2 月，雅虎宣布将其搜索引擎产品部署到了一个 Hadoop 集群上，这个集群拥有 1 万个内核，在 209 秒内完成了 1TB 数据的排序。当然，对现在的大互联网公司而言，这个数据量的处理已经可以在数秒内完成。

Hadoop 是一个重要的 Apache 开源项目，它帮助用户使用简单的编程模型在集群的分布式环境中存储和处理大数据。

Hadoop 专注于解决大数据处理中的三个重要问题。

（1）大量、不断增长的数据存储。HDFS 提供了一种分布式的方式来存储大数据。通过分布式存储，当数据量增长时，计算机设备只需要水平扩展而不需要垂直扩展，即可以根据需要在运行时向 HDFS 集群添加新节点，而不是增加每个节点中的硬件。

（2）支持存储各种格式的数据。HDFS 支持存储各种格式的数据，无论是结构化的、半结构化的，还是非结构化的。

（3）高速处理数据。将处理逻辑发送到存储数据的节点，以便每个节点可以并行处理部分数据，然后将每个节点生成的所有中间输出合并在一起，并将最终结果送回用户，这部分由 MapReduce 和 Yarn 实现。

Hadoop 项目由以下模块组成。

- Hadoop Common：包含其他 Hadoop 模块所需的库和实用程序（只包含一些基础模块，没有具体原理，下面就不再详细介绍）。

- Hadoop 分布式文件系统（HDFS）：可以部署在廉价硬件上的分布式文件系统，可以实现以流的形式访问文件系统中的数据。

- Hadoop MapReduce：一种用于大规模数据处理的编程模型，它提供了一个框架，使得编程人员可以在不了解分布式并行系统的情况下，编写适合自己任务的数据处理任务。

- Hadoop Yarn：用于作业调度和集群资源管理的框架。

1. HDFS

HDFS 是在高度容错设计和低成本的硬件上部署的分布式文件系统，也就是说 HDFS 的可靠性不依赖昂贵的硬件。HDFS 可以较好地支持大文件，文件访问的方式是"一次写多次读"，而不是频繁写、随机修改文件内容。HDFS 的架构如图 3.1 所示。

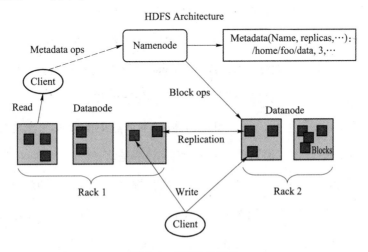

图 3.1　HDFS 的架构

HDFS 集群由一个 Namenode 组成，它是一个主服务器，管理文件系统元数据（文件名、目录结构、存放位置等）并管理客户机（Client）对文件的访问。此外，还有许多 Datanode，通常集群中的每个节点（这些节点上安装有 Linux 操作系统）有一个 Datanode，管理本节点的数据存储。文件被分割成一个或多个块（Blocks），这些块存储在一组 Datanode 中。文件名称和文件分割块之间的对应关系构成了名称空间，Namenode 执行文件系统命名空间操作，如打开、关闭和重命名存储在 HDFS 中的文件，并把这些操作映射到多个数据节点中（Datanode）。Datanode 为来自客户机（Client）的读写请求提供服务，还根据 Namenode 的指令执行块（Blocks）的创建、删除和复制操作。根据 Hadoop 的实现，数据节点的默认块大小从 64 MB 到 128 MB 不等，这可以通过数据节点的配置进行更改。

2. MapReduce

Hadoop 的数据处理是通过 MapReduce 实现的，它是 Hadoop 提供的一个框架，通过这个框架让用户专注于业务的逻辑。MapReduce 需要根据任务的不同由用户自己编程定义（也有一些高层的工具，如 Hive 提供类似 SQL 的命令接口，用户编写完类似 SQL 的程序后，还是会自动翻译成 MapReduce 支持的程序）。下面通过一个单词计数的任务来了解 MapReduce 工作的过程，如图 3.2 所示。

（1）Splitting：首先将输入以固定大小分到三个节点。

（2）Mapping：然后，每个 Mapper 根据本节点中的单词的出现频率进行标记，得到多个"键 – 值对"，单词是键，频率是值。

（3）Shuffling：进行分区处理，同时进行排序和洗牌，以便将具有相同键的所有"键 – 值对"发送到相应的 Reducer。因此，每个 Reducer 都有一个唯一的键和一个与该键对应的值列表，如 Hadoop，（1，2，2）。

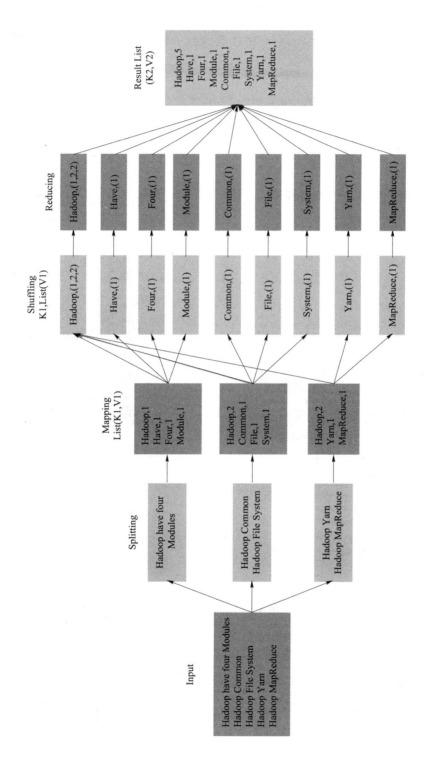

图 3.2 单词计数的任务的 MapReduce 工作过程

（4）Reducing：每个 Reducer 将接收到的"键 – 值列表"中出现的值进行计数。例如，接收到 Hadoop，（1，2，2），给出输出 Hadoop，5。

（5）最后，收集所有"键 – 值对"，并将其写入输出文件中。

3. Yarn

MapReduce 的执行过程需要 Yarn 进行资源的调度，Yarn 的架构如图 3.3 所示。

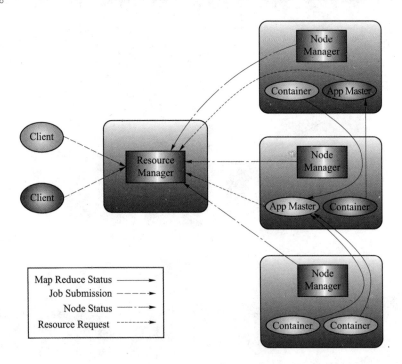

图 3.3 Yarn 的架构

（1）Resource Manager。

Resource Manager 是整个集群的资源管理器，运行在主服务器上，它管理资源并调度在 Yarn 上运行的应用程序。实际上，Resource Manager 有两个组件：调度程序和应用程序管理器（Application Manager），调度程序负责将资源分配给各种正在运行的应用程序；应用程序管理器负责接收作业（Job）提交并协商执行应用程序的第一个容器（Container），还要不断和节点管理器（Node Manager）联系并跟踪各个节点是否故障。

（2）Node Manager。

Node Manager 存在于集群的每个节点上，负责管理容器并监控每个容器中资源（CPU、内存、硬盘、网络）的使用情况，还要跟踪节点的健康状况和进行日志管理，并与资源管理器保持持续的沟通。

3.3.1　Hadoop 的生态圈

围绕 Hadoop 核心系统，还有一系列的工具软件方便数据采集、数据载入、数据库管理、数据仓库管理、数据分析等方面的工作，从而构成了 Hadoop 的生态圈，如图 3.4 所示（因为软件非常多，这个图只包括了常用的软件，要注意很多软件有替代品）。

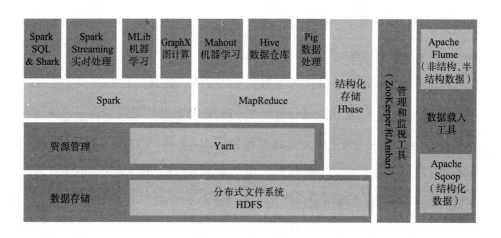

图 3.4　Hadoop 的生态圈

（1）Ambari：Ambari 旨在简化 Hadoop 管理，是帮助管理人员创建、管理和监视 Hadoop 集群的软件。Ambari 提供了一个直观的、易于使用的 Web 界面，可以跨任意数量的主机安装 Hadoop 服务，包括管理 Hadoop 集群，处理集群的 Hadoop 服务配置，跨整个集群启动、停止和重新配置 Hadoop 服务，提供用于监视 Hadoop 集群的健康状况和状态的仪表板，在节点宕机、剩余磁盘空间不足时发出警报。Ambari 不但可以管理 Hadoop 核心，也能管理 Hadoop 生态的其他软件，如 Hive、Hbase、Sqoop、ZooKeeper 等。

（2）Hbase：Hbase 类似 Google BigTable，可以管理非常大的表——数十亿行×数百万列，并且能随机地、实时地读、写和访问大数据，这是 HDFS 缺少的能力。

（3）Hive：Hive 是数据仓库软件，用于读、写和管理 Hadoop 文件系统中的大型数据集。它支持类似于 SQL 语言、帮助用户查询 Hadoop 中数据的查询语言——Hive SQL。Hive 编译器会把 Hive SQL 编译成 MapReduce 任务，从而降低了直接用 Java 编写 MapReduce 程序的难度。

（4）Mahout：Mahout 提供了线性代数和统计的 Java 库，在分布式环境下实现了协同过滤、聚类和分类的机器学习算法。它已经独立于 Hadoop 的 MapReduce 环境，支持 Spark 和 Flink。

（5）Pig：Pig 是一个分析大型数据集的平台，在此平台上开发人员可以使用 Pig Latin 语言来定义数据分析任务。Pig 的基础结构是编译器，该编译器把 Pig Latin 语言定义的数据分析任务转换成 MapReduce 程序。用 Pig 编程简单易学，而且具有良好的可扩展性，用户可以为自己的特殊目的创建自己的函数。Pig 降低了用户使用 MapReduce 的难度。

（6）Spark：Spark 是一个 Hadoop 数据计算引擎，和 MapReduce 类似。一个数据处理的流程会有很多个 MapReduce 过程，一个 MapReduce 过程会把 Reduce 的结果回写硬盘，下一个 MapReduce 过程再读出，接着再回写。这个方法保证了数据不会因为故障损坏、丢失，但是却大大地降低了处理速度。Spark 将数据存放在内存之中，并且采用一种叫做弹性分布数据（Resilient Distributed Dataset，RDD）的技术将数据存储在集群的工作节点上的内存和磁盘中，以保证容错性。数据在内存中处理 Spark 的速度远远高于 MapReduce，缺点是需要更多的内存。

（7）ZooKeeper：ZooKeeper 是一个分布式的应用程序协调服务，是 Google 的类似产品 Chubby 的一个开源的实现，也是 Hbase 的重要组件。它为分布式应用提供一致性服务，提供的功能包括维护配置信息、域名服务、分布式同步、组服务等。

3.3.2　Hadoop 的局限性

Hadoop 的局限性有以下几点。

（1）Hadoop 不适合小数据的处理。Hadoop 分布式文件系统缺乏随机读取小文件的有效支持。

（2）Hadoop 是一个框架，不是解决方案。当面对一个数据分析的业务时，需要开发 MapReduce 代码和编写数据如何处理的代码，这样的开发任务，对很多业务型企业来说成本很高。

（3）用 MapReduce 的方式编程并不容易，集群环境调试程序也是一件困难的事。

（4）使用 Hive 和 Pig 可以用更高级的语言编写数据处理逻辑，但是最终都要映射到 MapReduce 程序，还是受到框架的限制。

（5）开源软件的获得成本很低，但是企业需要额外的人员进行开发和维护，总体使用成本并不低。

3.4 阿里云数加平台 MaxCompute 与 DataWorks 的功能

3.4.1 MaxCompute 的功能

大数据计算服务（MaxCompute，原名 ODPS）是一种快速、完全托管的 EB 级数据仓库解决方案。随着数据收集手段不断丰富，行业数据大量积累，数据规模已增长到了传统软件行业无法承载的海量数据（TB、PB、EB）级别。MaxCompute 致力于批量结构化数据的存储和计算，提供海量数据仓库的解决方案及分析建模服务。

由于单台服务器的处理能力有限，海量数据的分析需要分布式的计算模型。分布式的计算模型对数据分析人员要求较高且不易维护。数据分析人员不仅需要了解业务需求，同时还需要熟悉底层分布式计算模型。Max-Compute 为用户提供完善的数据导入方案及多种经典的分布式计算模型，用户可以不必关心分布式计算和维护细节，便可轻松完成大数据分析。Max-Compute 是阿里云提供的统一的大数据计算引擎，它和其他产品的关系密切，阿里云 MaxCompute 生态系统如图 3.5 所示。

MaxCompute 构建于阿里云计算平台之上，并且为用户使用该引擎提供了如下功能。

1. 数据存储

（1）支持大规模计算存储，适用于 TB 级以上规模的存储及计算需求，最大可达 EB 级别。

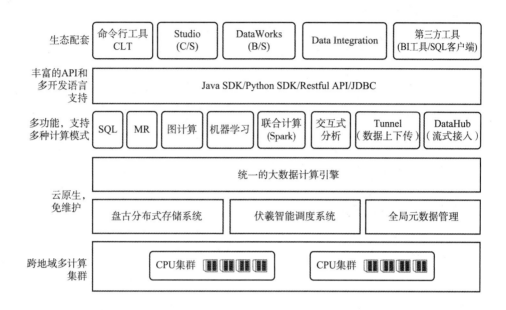

图 3.5 阿里云 MaxCompute 生态系统

（2）数据分布式存储，多副本冗余，数据存储对外仅开放表的操作接口，不提供文件系统访问接口。

（3）自研数据存储结构，表数据列式存储，默认高度压缩，后续将提供兼容 ORC 的 Ali-ORC 存储格式。

（4）支持外表，将存储在 OSS（文件形式存储）、OTS（表格形式存储）的数据映射为二维表。

（5）支持 Partition、Bucket 的分区、分桶存储。

（6）更底层不是 HDFS，而是阿里云自研的盘古分布式存储系统，但可借助 HDFS 理解对应的表之中文件的体系结构、任务并发机制。

（7）使用时，存储与计算解耦，不需要仅仅为了存储增加不必要的计算资源。

2. 多种计算模型

需要说明的是，传统数据仓库场景下，实践中有大部分的数据分析需求可以通过 SQL+UDF 来完成。但随着企业对数据价值的重视，以及更多不同的角色开始使用数据，企业也会要求有更丰富的计算功能来满足不同场景、不同用户的需求。MaxCompute 不仅仅提供 SQL 数据分析语言，它还在统一的数据存储和权限体系之上，支持多种计算模型。

3. MaxCompute SQL

MaxCompute 100% 支持数据库评测基准 TPC－DS，同时语法高度兼容 Hive，有 Hive 背景的开发者可以直接上手，特别是在大数据规模下性能强大。

（1）完全自主开发的 Compiler，语言功能开发更灵活且迭代快，语法语义检查更加灵活高效。

（2）基于代价的优化器，更智能、更强大、更适合复杂的查询。

（3）基于 LLVM 的代码生成，让执行过程更高效。

（4）支持复杂数据类型（array，map，struct）。

（5）支持 Java、Python 语言的 UDF/UDAF/UDTF。

（6）语法：values、cte、semijoin、from 倒装、subquery operations、set operations（union／intersect／minus）、select transform、user defined type、grouping set（cube/rollup/grouping set）、脚本运行模式、参数化视图。

（7）支持外表（通过 StorageHandler 读取外部数据源，支持非结构化数据的读取）。

4. MapReduce

MaxCompute 支持 MapReduce 编程接口（提供优化增强的 MaxCompute MapReduce，也提供高度兼容 Hadoop 的 MapReduce 版本），不暴露文件系统，输入输出都是通过 MaxCompute 客户端工具、DataWorks 提交作业的。

5. MaxCompute Graph

（1）MaxCompute Graph 是一套面向迭代的图计算处理框架。图计算作业使用图进行建模，图由点（Vertex）和边（Edge）组成，点和边包含权值（Value）。

（2）通过迭代对图进行编辑、演化，最终求解出结果。

（3）典型应用有 PageRank、单源最短距离算法、K – 均值聚类算法等。

（4）使用 MaxCompute Graph 提供的接口 Java SDK 编写图计算程序并通过 MaxCompute 客户端工具的 jar 命令提交任务。

6. PyODPS

PyODPS 是 MaxCompute 的 Python SDK，同时也提供 DataFrame 框架和类似 pandas 的语法，能利用 MaxCompute 强大的处理能力来处理超大规模数据。

（1）PyODPS 提供对 ODPS 对象（如表 、资源 、函数等）的访问。

（2）支持通过 run_sql/execute_sql 的方式来提交 SQL。

（3）支持通过 open_writer 和 open_reader 或原生 Tunnel API 的方式来上传、下载数据。

（4）PyODPS 提供 DataFrame API 和类似 pandas 的接口，能充分利用 Max-Compute 的计算能力进行 DataFrame 的计算。

（5）PyODPS DataFrame 提供了很多 pandas – like 的接口，扩展了它的语法，如增加了 MapReduce API 以适应大数据环境。

（6）利用 map 、apply 、map_reduce 等方便在客户端写函数、调用函数的方法，用户可在这些函数里调用第三方库，如 pandas、scipy、scikit-learn、nltk。

7. Spark

MaxCompute 提供了 Spark on MaxCompute 的解决方案，是 MaxCompute 提供的兼容开源的 Spark 计算服务，让它在统一的计算资源和数据集权限体系之上提供 Spark 计算框架，并支持用户以熟悉的开发使用方式提交运行 Spark 作业。

（1）支持原生多版本 Spark 作业：Spark1. x/Spark2. x/Spark3. x 作业都可运行。

（2）开源系统的使用体验：Spark－submit 提交方式（暂不支持 Spark－shell/Spark－sql 的交互式）提供原生的 Spark WebUI 供用户查看。

（3）通过访问 OSS、OTS、Database 等外部数据源，实现更复杂的 ETL 处理，支持对 OSS 非结构化数据的读写。

（4）使用 Spark 面向 MaxCompute 内外部数据开展机器学习，扩展应用场景。

8. 交互式查询和分析支持

MaxCompute 产品的交互式查询和分析支持功能的特性如下。

（1）兼容 PostgreSQL：兼容 PostgreSQL 协议的 JDBC/ODBC 接口，所有支持 PostgreSQL 数据库的工具或应用使用默认驱动都可以轻松地连接到 Max-Compute 项目；支持主流 BI 及 SQL 客户端工具的连接访问，如 Tableau、帆软 BI、Navicat、SQL Workbench/J 等。

（2）显著提升的查询性能：提升了一定数据规模下的查询性能，查询结果秒级可见，支持 BI 分析、Ad-hoc、在线服务等场景。

9. 机器学习

MaxCompute 内置上百种机器学习算法。目前，MaxCompute 的机器学习能力由 PAI 产品统一提供服务，同时 PAI 提供了深度学习框架、Notebook 开发环境、GPU 计算资源及模型在线部署的弹性预测服务。PAI 产品与 MaxCompute 在项目和数据方面无缝集成。

MaxCompute 已经在阿里巴巴集团内部大规模应用，如大型互联网企业的数据仓库和 BI 分析、网站的日志分析、电子商务网站的交易分析、用户特征和兴趣挖掘等。

3.4.2　DataWorks 的功能

DataWorks（数据工场，原大数据开发套件）是阿里云重要的 PaaS 平台产品，为用户提供数据集成、数据开发、数据地图、数据质量和数据服务等全方位的产品服务和一站式开发管理的界面，帮助企业专注于数据价值的挖掘和探索。

用户可以使用 DataWorks 对数据进行传输、转换和集成等操作，从不同的数据存储引入数据，并进行转化和开发，最后将处理好的数据同步至其他数据系统。DataWorks 提供九个核心功能模块，以数据为基础，以全链路加工为核心，提供数据汇聚、研发、治理、服务等多种功能，既能满足平台用户的数据需求，又能为上层应用提供各种行业解决方案。DataWorks 整体功能架构如图 3.6 所示。

DataWorks 主要有以下几个方面的功能。

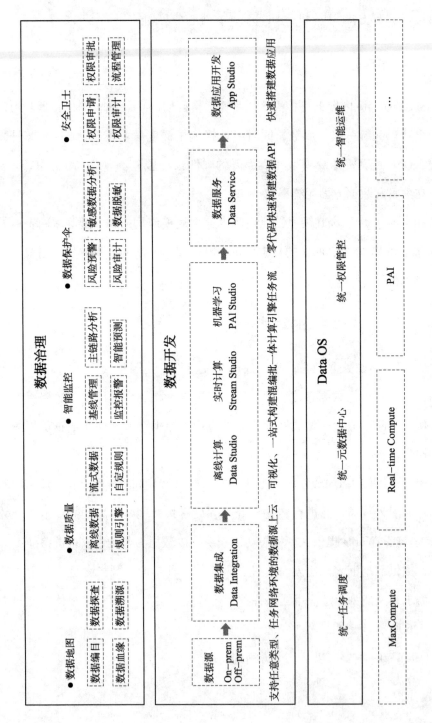

图 3.6　DataWorks 整体功能架构

1．全面托管的调度

（1）DataWorks 提供强大的调度功能。

①支持根据时间、依赖关系进行任务触发的机制。

②支持每日千万级别的任务，根据 DAG 关系准确、准时地运行。

③支持分钟、小时、天、周、月多种调度周期配置。

（2）完全托管的服务，无须关心调度的服务器资源问题。

（3）提供隔离功能，确保不同租户之间的任务不会相互影响。

2．支持多种节点类型

DataWorks 支持离线同步、shell、ODPS SQL、ODPS MR 等多种节点类型，通过节点之间的相互依赖对复杂的数据进行分析处理。

（1）数据转化：依托 MaxCompute 强大的能力，保证了大数据的分析处理性能。

（2）数据同步：依托 DataWorks 中数据集成的强力支撑，支持超过 20 种数据源，为用户提供稳定、高效的数据传输功能。

3．可视化开发

DataWorks 提供可视化的代码开发和工作流设计器页面，无须搭配任何开发工具，通过简单拖拽式开发，即可完成复杂的数据分析任务。只要有浏览器和网络，即可随时随地进行开发工作。

4．监控报警

运维中心提供可视化的任务监控管理工具，支持以 DAG 图的形式展示任务运行时的全局情况，可以方便地配置各类报警方式，任务发生错误时可及时通知相关人员，保证业务正常运行。

第 4 章

数据可视化

第4章

> **数据可视化**

人类对图形、图像的记忆力和理解力远远超过对数字、文字的记忆力和理解力，数据可视化是把抽象的数据转变为形象的图表，从而更直观地表达数据内在规律，传达数字无法表现的信息，方便相关人员进行基于数据的沟通、交流和传播。

随着数据可视化实践经验的积累，已经形成了一系列规格化的图表。但是，不同的图表适用的场景不同，需要了解不同图表的适用场景和优缺点，在实际项目中选择合适的图表才能更好地传递想要表达的信息。

数据可视化不能单纯地理解为图表的堆砌，如果没有形成表达的逻辑，则可能会降低表达的效果，甚至导致传达自相矛盾的信息。遵循在实践过程中形成的数据可视化的设计原则，可以有效避免设计错误。

4.1　数据可视化的定义、目的、应用范围和功能

数据可视化是把抽象的数据转变为形象的图表，从而更直观地表达数据

内在规律，传达数字无法表现的信息，方便相关人员进行基于数据的沟通、交流和传播。

数据可视化的目的是传递信息和挖掘信息，因此美学形式与功能需要齐头并进，通过直观地传达数据关键的内容与特征，实现对复杂数据集的深入洞察。

数据可视化能够应用于所有可以把数据映射成为视觉符号的场合，如时间线的可视化、地理空间位置的可视化、事务对比的可视化、事务趋势的可视化、事务分布的可视化、抽象概念的形象化等。在互联网、社会网络、城市交通、商业智能、气象变化、安全反恐、经济与金融等领域，利用支持信息可视化的用户界面及支持分析过程的人机交互方式与技术，能有效融合计算机的计算能力和人的认知能力，以获得对于业务的洞察力（Insight）。

数据可视化也可用于一些常见的数据分析类型，通过可视化就能发现一些规律性的模式，如时间序列分析、地理空间分析、多变量相关性分析、构成和对比的分析等。

4.2 数据可视化常用图表的特点和适用场景

在数据分析中，常用图表的特点和适用场景如表 4.1 所示。

表 4.1 常用图表的特点和适用场景

类别	描 述	主要适用图表
比较	不同个体、时间等的对比	柱状图，条形图，雷达图，漏斗图，极坐标图，词云图
占比	部分占整体的比例	饼图，漏斗图，仪表盘，矩阵树图，极坐标图
分布	各种取值的频数分布	柱状图，折线图
相关性	不同特征之间的关系	散点图，矩阵树图
趋势	数值和时间变化之间的关系	折线图，柱状图
地理相关	数值在地理信息背景上的展示	气泡地图，热点图，颜色地图

1. 折线图

折线图，又称线图，指通过直线将一些数据点按照某种顺序连起来形成的图，如图 4.1 所示。

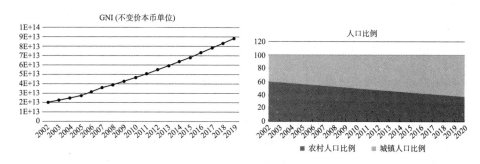

图 4.1 折线图

适用场景：查看数据中随一个有序变量（如时间）变化的趋势。例如，五年期的股价变化、一个月内的网页查看数、逐季收入增长情况等。

优点：可以清晰展现数据增减的趋势、速率、规律，数据的峰值和谷底等特征。

缺点：每张图表上折线条数不宜过多。

类似图表有堆积图、曲线图、双 Y 轴折线图、面积图（如图 4.1 右图所示）。

2. 柱状图

柱状图，又称柱图，指按长方形的长度来表达数值的统计报告图，使用垂直或水平的柱子显示类别之间的数值比较。其中一个轴表示需要对比的分类维度，另一个轴代表相应的数值，如图 4.2 所示。

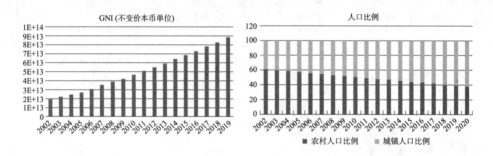

图 4.2　柱状图

适用场景：适合用于跨类别比较数据。例如，不同类型客户的数量、按来源站点划分的网站流量、按分区划分的消费比率，或者展示在一个维度上，多个同质可比的指标比较。

优点：简单直观，可迅速比较指标，展示指标的高低点。

缺点：对于较大的数据集展现比较困难。

类似图表有条形图、直方图、堆积图、百分比堆积图、双 Y 轴柱图等。

纵向柱状图受到宽度的限制，柱过多的时候，可能不易阅读，也不美观，如图 4.3 所示。这个时候最好将其改成条状图，如图 4.4 所示。

给条形加上色彩可以获得更好的效果，用层叠的色彩能立刻带来洞见。把条形放在数轴的两侧，把正负数据点沿着连续轴画出来，是发现趋势的有效方式。这样的条状图称为堆叠旋风图，如图4.5所示。

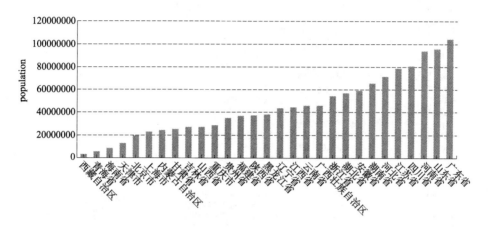

图 4.3　纵向柱状图

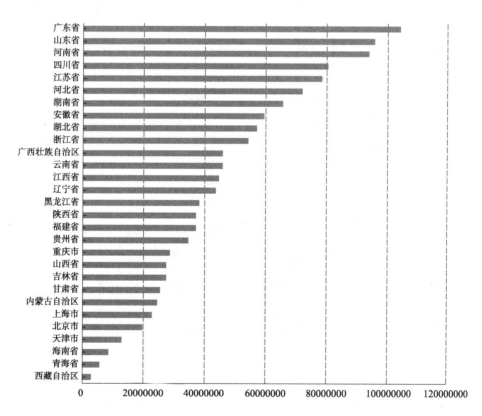

图 4.4　条状图

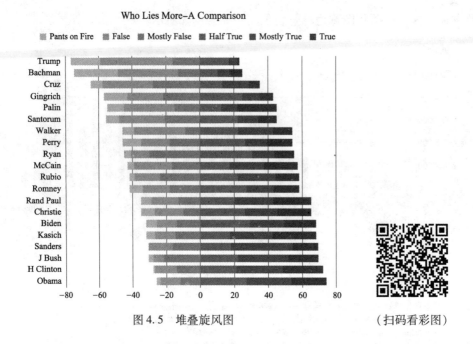

图 4.5　堆叠旋风图　　　　　　　　　　　　　　（扫码看彩图）

3. 饼图

饼图，又称扇形统计图，是指用饼状的图形来展示一个数据系列中各项的大小与总和的比例，如图 4.6 所示。

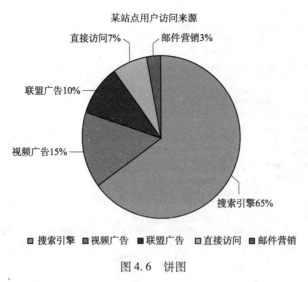

图 4.6　饼图

适用场景：用来展示各项数据的占比情况，通过各项数据占总量的比例来进行比对。

优点：简单明了，各个组成部分的占比情况一目了然。

缺点：饼图不适用于大数据量且分类较多的场景；与拥有类似功能的图表（如百分比柱图）相比，饼图要占据较大的画布空间，而且多个饼图间的数值也很难比较。

类似图表有环形图。

分类过多的场景不适合用饼图，如图4.7所示。

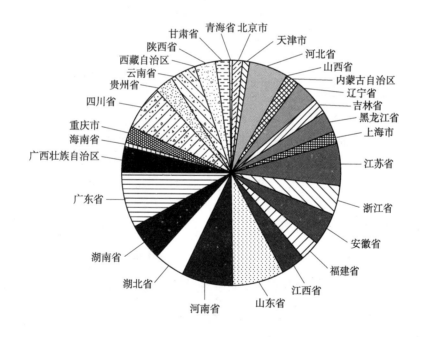

图4.7 分类过多的饼图

数值数据差异较小的场景，使用饼图则很难用肉眼分辨差异，所以也不适合，如图4.8所示。

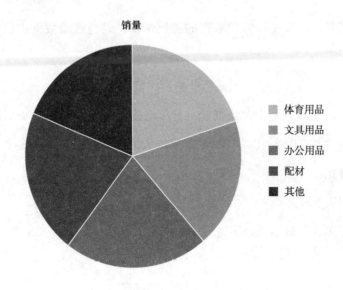

图 4.8　数值数据差异较小的饼图

4. 散点图

散点图，也称为 X-Y 图，在直角坐标系上将数据以点的形式展示，以展示变量与变量之间的关联程度，用变量的数值来确定点的位置，如图 4.9 所示。

适用场景：显示和比较数值，如男女在不同年龄得肺癌可能性的比较情况。

优点：不仅可以显示数据的趋势，还能将数据集群的形状、数据云团中各数据点的关系展现出来，适合规模较大的数据集的展示。

缺点：看上去比较杂乱，除了数据的相关性和分布情况，其他信息不能很好展现。

类似图表有气泡图，如图 4.10 所示。

当变量多于 2 个的时候可以用气泡图，相当于在图表中额外加入一个变量，以气泡的大小来表示，气泡越大，说明第三个变量的数值越大。

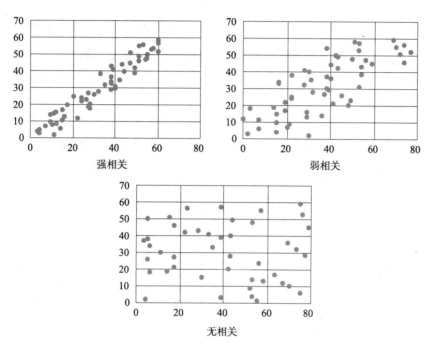

图 4.9　散点图

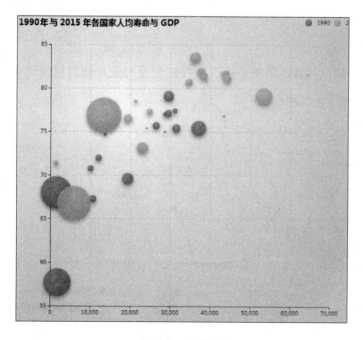

图 4.10　气泡图

散点图经常与回归线结合使用，将现有的数据进行归纳与预测分析。回归线就是一根最准确地贯穿所有点、与所有点的误差平方根最小的线。

5. 雷达图

雷达图，又称蛛网图，将多个维度（一般 4 个以上）的数据映射到坐标轴上，由坐标轴上的同一个圆心点起，止于圆周的边缘，然后将同一组的点用直线连接起来。雷达图的每根轴线都代表着不同的维度，但为了理解上更简单、比较上更直观，经常会将多个坐标轴统一成一个度量，如统一成百分比、分数等。

适用场景：用于多个对象的多维度比较，包括和标杆之间的比较，如个人的各项能力和企业需求的匹配程度。

优点：可以在多个维度上进行对比。

缺点：维度过多会使图形过乱，可读性下降；多层叠加会导致下层的数据不清晰。

所以，最佳的雷达图就是尽可能控制变量的数量使其保持简单清晰，如图 4.11 所示。

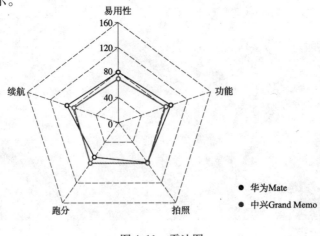

图 4.11　雷达图

6. 漏斗图

漏斗图,形状与漏斗相似,常常被互联网企业用于了解经营过程中的转化率数据。

适用场景:适用于业务流程比较规范、周期长、环节多,整个业务流程需要被跟踪的场景。

优点:直观地描述了不同环节数据量的变化程度,从而可以快速发现有问题的环节,采取必要的措施。

缺点:仅反映了数量的变化,不能直接揭示原因。

一张标准的漏斗图如图 4.12 所示,随着流程的推进,每个环节所达成的转化数量在减少。可以发现,在"浏览网站"环节中,业务量呈现了最明显的缩减,这一环节的转化率是最低的。

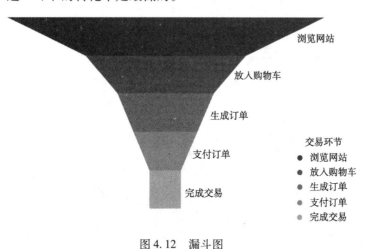

图 4.12 漏斗图

7. 地图

地图,是用地图作为背景并通过地理位置来表现数据,同时将数据通过不同的颜色或气泡等表现形式映射到不同的地理位置上。

适用场景:适合展现带有地理编码的数据,如按州划分的保险索赔、按国家划分的出口目的地、按邮政编码划分的车祸、自定义销售区域等。

优点：可以直观地显示数据的地理分布；通过颜色深浅、气泡大小等表现方式更容易判断指标的大小。

缺点：气泡容易叠加；对数据的匹配度要求较高；气泡大小和颜色深浅相近时，不易分辨；地理面积大小与度量值无关，容易造成误读。

类似图表有气泡地图、颜色地图（分级统计地图）等。

气泡地图，通过气泡的大小表示地理位置的数据大小。

颜色地图，通过颜色的深浅表示地理位置的数据大小。

8. 极坐标图

极坐标图，由多个扇区组合而成：扇区标签由数据的维度决定；扇区长度由数据的度量决定；每个扇区的角度都相同并通过半径来展示变化。极坐标图如图 4.13 所示。

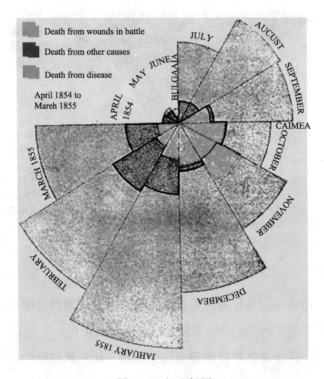

图 4.13　极坐标图

适用场景：适用于枚举数据之间的比较，如显示数据在某段时间内的变化情况、比较各项之间的情况等。

优点：在部分情况下的视觉效果比其他图表更好；可以有效地利用画布进行可视化展示。

缺点：对分类较少的数据集与部分度量值过小的数据集是不适合使用的。

类似图表有饼图、环图、柱图、玫瑰图等。

这种图表有时也被称为"南丁格尔的玫瑰"，是一种圆形的直方图（南丁格尔用以表达军医院季节性的死亡率）。

4.3 数据可视化设计的基本原则

数据可视化可以用于分析环节，作为探索性数据分析的工具，也可用于沟通和管理环节，作为数据驱动运营和管理的工具。

如果用于沟通和管理环节，数据可视化就需要根据受众的需求进行设计，设计的基本原则包括以下四点。

1. 突出变化

想要快速掌握业务的变化，就要将这个变化放在最突出、醒目的位置，同时要考虑 KPI 的时效性。例如，零售业绩通常以周为单位（1 周 vs 4 周）；网站关心每小时的变化；政府关心每天的变化；双十一关心每秒的变化。

2. 引发提问

KPI 数值的变化能够直接导致业务部门提出问题：What（发生了什么）；Why（为什么发生）；So what（需要做什么）。

3. 保持一致

一致性原则帮助受众在理解 KPI 背后的故事的时候不易产生歧义。各个视觉单元应该围绕同一件事，即呈现发生在相同的时间和空间范围内的数据。

4. 美观易懂

在数据可视化的设计中，美观易懂原则很重要，主要包括图表元素的配色方案、位置、大小，以及它们之间的逻辑关系等。

4.4 阿里云的数据可视化技术的特点和基本操作

在阿里云的大数据体系中，有两个数据展现组件，一个是 DataV，另一个是 QuickBI。

DataV 是一个致力于用更生动、友好的形式，即时呈现隐藏在瞬息万变且庞杂的数据背后的业务洞察。

QuickBI 是一个致力于大数据高效分析与展现的轻量级自助 BI 工具服务平台。

在阿里云的数据分析平台中，从数据采集到数据门户会经历五个步骤，如图 4.14 所示。

技术人员提前帮业务人员准备好数据（第①步、第②步），业务人员把自己需要的数据拖到仪表板或电子表格里（第③步、第④步），最后再把仪表板或电子表格加上菜单就是数据门户（第⑤步）。业务人员用 QuickBI 就能做成的报表效果如图 4.15 所示。

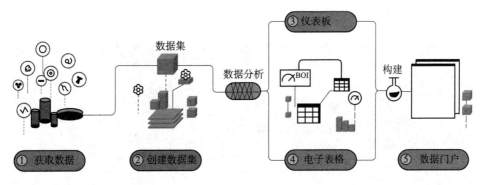

图 4.14　从数据采集到数据门户

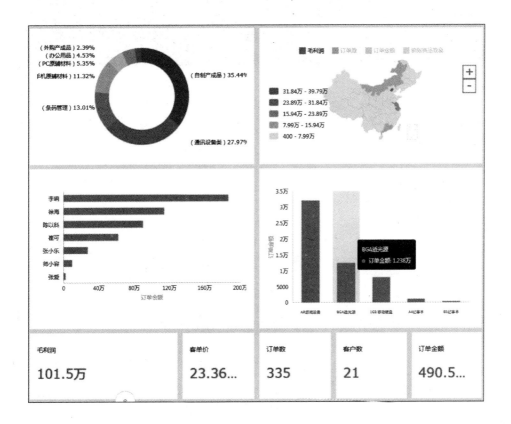

图 4.15　QuickBI 报表效果

　　而 DavaV 通过标准模板可以让技术人员用很少的工作量做出展示大屏，如图 4.16 所示。

图 4.16　DavaV 的展示大屏

第 5 章

数据库基础

第5章

> ## 数据库基础

　　自从现代计算机诞生以来，人们对数据的处理就开始借助于计算机系统。20 世纪 50 年代，受到计算机系统存储、处理器计算能力的限制，以及任务的专用性，特定数据的处理需要编写专用的程序。在这个阶段，程序和数据是相互绑定的，也就是说为处理某个数据而编写的程序不能用于其他数据。编写程序需要完全了解数据的结构、存储的方式、处理的方法，并且程序要在特定的机器上运行。

　　20 世纪 60 年代前后，伴随着文件系统的出现，数据以文件的方式存储，程序对数据的处理不再需要了解文件的物理存储方式，程序的通用性大大提高了。但是由于围绕一个目标常常需要采集不同的数据，这些数据需要存储在多个文件中，处理数据的时候又需要从多个文件中检索信息和集成、计算数据，实际的运作过程中会出现数据冗余、多份文件中的数据不一致、检索困难、并发访问导致的结果不可再现、数据的安全性得不到保证等问题。

　　为了解决这些问题，并降低用户定义数据、采集数据、存储数据、检索数据、加工数据的难度，20 世纪 60 年代后期，数据库管理系统（Database

Management System，DBMS）出现了。一般来说，数据库管理系统提供以下功能，并为这些功能提供简单的操作接口。

（1）数据定义：创建、修改和删除数据的组织方式。

（2）数据变更：插入、修改和删除数据。

（3）数据检索：根据需要从数据库中获取特定数据。

（4）数据管控：注册用户、监控访问权限、监控性能、维护数据的完整性、并发控制、故障处理、灾难恢复等。

数据库管理系统在用户和数据处理程序之间加入了一层，使用户不需要为了处理数据编写复杂的程序，而只需要调用相对简单的接口。

5.1 关系模型的相关概念

关系模型依然是目前主流的数据库模型。关系型数据库系统采用关系模型作为数据的组织方式。直观地讲，一个关系就是一张二维表，它由行和列组成。例如，学生关系可描述为表 5.1 所示的关系模型，"学生｛学号，姓名，性别，学院，年龄，籍贯｝"称为关系模式。

表 5.1　学生关系

学号	姓名	性别	学　　院	年龄	籍贯
1	张三	男	数学科学学院	18	江苏
2	李四	男	管理学院	19	浙江
3	王五	女	材料科学与工程学院	18	福建
4	赵六	男	信息与电子工程学院	17	山东
5	孙七	女	计算机科学与技术学院	19	湖北

关系的组成如下。

* 关系的名称：学生。

* 关系的属性（字段）：学号，姓名，性别，学院，年龄，籍贯。

* 域（属性的取值范围）：如性别{男,女}、学院 {数学科学，信息与
电子工程…} 等。

* 函数依赖：如当学号给定为"001"时，其他属性的取值就是确定的，
所以其他属性函数依赖于学号。其实关系就是函数依赖关系，能够称为关系
的表格中必然至少有一个函数依赖。

在关系模型中，关系需要满足以下条件。

* 一个关系中的属性名是不能重复的。例如，不可以有两个列的名称都
  是"姓名"。

* 属性的取值只能是单值，不能是多值。例如，学院不可以是"管理学
  院，计算机科学与技术学院"，如果确实存在一个人同时就读两个学
  院的情况，那就需要另外的表格。

* 属性的取值都来自预先定义的域。例如，学生的年龄应该是
  个整数。

* 一个表格（关系）中的每一行记录也被称为元组，任何两个元组都不
  能完全相同。例如，两个学生元组，哪怕其他属性的值都一样，至少
  他们的学号是不同的。

* 列的次序的改变不会产生新的关系，也就是说次序改变前的关系和次
  序改变后的关系其实是同一个关系。

* 行的次序的改变不会产生新的关系。

不满足上述条件就不能称为关系，如表 5.2 就不是关系。

表5.2　不能称为关系的表格

学号	姓名	性别	学　　院	年龄	籍贯	成绩	
						数学	语文
1	张三	男	数学科学学院	18	江苏	94	96
2	李四	男	管理学院，数学科学学院	19	浙江	94	91
3	王五	女	材料科学与工程学院	18	福建	90	89
4	赵六	男	信息与电子工程学院	17	山东	88	80
5	孙七	女	计算机科学与技术学院	19	湖北	83	86

1. 关系中元组唯一性的相关概念（码和键是一样的，都是 Key）

- 超码（Superkey）：能够标识元组唯一性的属性集合。显然，全部属性的集合，如｛学号，姓名，性别，学院，年龄，籍贯｝肯定是超码，所以超码不是唯一的。

- 候选码（Candidate Key）：基数最小的超码（基数就是集合元素的个数）。候选码可以唯一标识一个元组，但是候选码包含的属性的个数是最少的，少到再减少一个属性就不能唯一标识一个元组。

- 主键（Primary Key）：从候选码中选出一个。例如，学生关系模型中选择学号作为主键。每个关系有且仅有一个主键，不属于主键的属性应该函数依赖于主键。

- 主属性（码属性）：属于任一候选码的属性叫做主属性，注意是候选码不是主键。

- 非主属性（非码属性）：不属于任何候选码的属性叫做非主属性。

在关系型数据库中，区分元组是基于主键的，即使其他属性的取值都一样，主键的取值必须是不同的。

2. 关系之间的联系

显然，在数据库中，不会只有一个表格（关系）。例如，一个学生选课的系统中，至少会有学生关系、课程关系（如表 5.3 所示）、选课关系（如表 5.4 所示）。

表5.3 课程关系

课程号	课程名	学　时	学　分
1	高等数学	64	4
2	英语	48	3
3	数据库原理	64	4
4	C 语言程序设计	64	4

表5.4 选课关系

学　号	课　程　号	成　绩
1	2	98
1	3	82
1	4	82
2	1	82
2	2	97
2	3	97
2	4	84
3	2	80

通过前面的描述，可以发现"学生关系"中"学号"应该是主键，"课程关系"中"课程号"应该是主键，选课关系中的主键是｛学号，课程号｝。而且"选课关系"的"学号"的域是"学生关系"的所有学号，"课程号"的域是"课程关系"的所有课程号。这样，"学生关系"和"选课关系"就通过"学号"形成了一对多的联系，"课程关系"和"选课关系"通过"课程号"也形成了一对多的联系。"选课关系"中"学号""课程号"分别引用了其他表的主键，被称为外键（Foreign Key）。

3. 关系模型的完整性约束

关系型数据库对数据的处理包括查询、插入、删除和更新数据，这些操作必须满足关系模型的完整性约束条件。关系模型的完整性约束条件包括以下三种。

（1）实体完整性（Entity Integrity）是为了保证元组（等同于实体）的唯一性，也就是说任何一个实体的主键取值（如果主键包含多个属性，则是主键包含的所有属性的取值组合）必须与其他实体不同，而且主键的取值是不能为空值的。例如，"学生｛学号，姓名，性别，系，年龄，籍贯｝"关系中，任何一个学生的学号不能和其他学生相同，而且也不可以为空值；"选课｛学号，课程号，成绩｝"关系中，｛学号，课程号｝的组合也必须是唯一的。

（2）参照完整性（Referential Integrity）是关系与关系的联系的约束规则，一个关系中外键的取值必须来自另一个关系中主键已有的值的集合。例如，前面的选课关系"选课｛学号，课程号，成绩｝"中学号的取值必须是"学生关系"中学号的已有值。"学生关系"中没有 6 号学生，"选课关系"中就不能出现 6 号学生，否则就违反了参照完整性约束。

（3）用户自定义完整性（User – Defined Integrity）是由用户根据实际情况规定的属性的取值范围。例如，学生的性别只能是男或女、姓名不可以是空值、每个人的学号必须是唯一值等。

5.2　关系模型的规范化理论和数据库的设计

设计如表 5.5 所示的关系会出现什么问题？

表 5.5　学生成绩

学号	姓名	性别	学　　院	年龄	籍贯	课程名	成绩
1	张三	男	数学科学学院	18	江苏	英语	93
2	张三	男	数学科学学院	19	江苏	数据库原理	87
3	张三	男	数学科学学院	20	江苏	C 语言程序设计	95
2	李四	男	管理学院	19	浙江	高等数学	89
2	李四	男	管理学院	19	浙江	英语	89
2	李四	男	管理学院	19	浙江	数据库原理	87
2	李四	男	管理学院	19	浙江	C 语言程序设计	89

这个关系出现的问题有如下几种。

（1）数据冗余：每登记一个成绩，学生的信息就需要重复一次，出现信息冗余。

（2）修改异常：如果现在学校的学院名称改变了，那么这个学生历史上在哪个学院就不得而知了。

（3）插入异常：如果要增加课程，但是由于学生还没有选，表格中就无法记录。

（4）删除异常：如果一门课程被删除了，会导致学生的选课记录也被删除。

规范化理论就是为了解决上述问题的理论，规范化的数据库必须符合关系模型的范式规则。关系模型的范式目前有十种，依次是：1NF、2NF、3NF、EKNF、BCNF、4NF、ETNF、5NF、DKNF、6NF。最常用的四个范式为：1NF（第一范式）、2NF（第二范式）、3NF（第三范式）、BCNF（BC 范式）。这些范式之间，按照顺序有包含关系，也就是说符合 2NF 就一定符合 1NF，以此类推，形成如图 5.1 所示的包含关系。

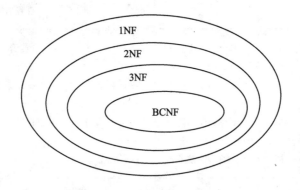

图 5.1　范式之间的包含关系

- 1NF（第一范式）：强调的是属性的原子性，即每列都是不可再分的最小数据单元。这是关系型数据库的基本要求，如果不符合 1NF，其实就不能称为关系。前面的表 5.2 中，"成绩"列包含了"数学"和"语文"的成绩，就不符合 1NF；另外"学院"的取值出现"管理学院，数学科学学院"，这样的多值也是违反 1NF 的。

- 2NF（第二范式）：如果一个关系 R 符合 1NF，并且所有非主属性都完全函数依赖于 R 的任一候选码，而且不存在非主属性函数依赖于候选码的一部分的情况，则 R 符合 2NF。通过前面的描述可以知道，任一候选码都可以唯一标识一个元组，在候选码的所有属性值都确定的前提下，非主属性的值是确定的。事实上，不符合 2NF 也不能称为关系。如果有选课关系"选课 ｛课程号，学号，课程名，学生姓名，成绩，学期｝"，那么这个关系的候选码只有一个 ｛课程号，学号｝，因为学生姓名可能有重名，｛课程名，学生姓名｝ 不能成为候选码。这个关系中非主属性"成绩"和"学期"是完全函数依赖于 ｛课程号，学号｝ 的，是课程号和学号的组合而不是一部分。但是"课程名"也可以函数依赖于"课程号"，"学生姓名"也可以函数依赖于"学号"，也就是说"课程名"和"学生姓名"不是完全函数依赖于 ｛课程号，学号｝ 的，也可以函数依赖于候选码的一部分，这个关系就不符合 2NF。可以看出不符合 2NF 的关系会出现数据冗余、插入异常、修改异常、删除异常。

- 3NF（第三范式）：如果关系 R 符合 2NF，而且每一个非主属性不传递函数依赖于任何候选码，则 R 符合 3NF。如果有一个学生关系"学生 ｛学号，姓名，性别，年龄，学院，院长｝"，且该关系的非主属性都函数依赖于主键"学号"，那么该关系符合 2NF。但这个关系中还存在"学号→学院→院长"这样的传递依赖关系，所以这个关系不符合 3NF。

- BCNF（BC 范式）：如果关系 R 符合 3NF，而且每一个属性都不传递函数依赖于任何候选码，那么 R 符合 BCNF。也就是说，不仅是非主属性，即使是主属性也不可以传递函数依赖于任何候选码。如果有选课关系"选课 {学号，课程号，教师号，成绩}"，假设课程和教师之间存在一一对应关系，一个课程只有一个教师，一个教师只教一门课程。显然，存在以下函数依赖关系：{学号，课程号}→教师号，{学号，教师号}→课程号。这样一来，"学号""课程号""教师号"都是某个候选码的属性，因此是主属性。但是存在"{学号，课程号}→教师号→课程号"这样的传递依赖关系，也就是主属性存在函数依赖关系，所以不符合 BCNF。

通过规范化理论发现不规范的关系，可以通过将其拆解成不同表格的方式来使关系规范化。方法就是把部分依赖、传递依赖的属性拆解到另外一张表格。由于拆解后的两张表格都有函数依赖、都有主键，所以依然是关系。

当然，拆解以后，还要考虑通过外键在两个表格之间建立虚拟联系，并通过两个表格的连接操作重新还原成原表，如果不能还原就说明拆解过程发生了信息丢失，是不成功的拆解。

在关系型数据库的设计过程中，理想的设计目标是按照"规范化"原则建立关系模式，因为这样做能够消除数据冗余、修改异常、插入异常和删除异常。

5.3　SQL 语言

数据库管理系统提供了数据定义、数据变更、数据检索、数据管控等功能，用户可以通过类似英语语句的命令使用这些功能。这些命令的集合就是 SQL 语言。SQL 语言是关系型数据库数据管理的程序语言，现在的关系型数据库都支持这种语言，如 MySql、Oracle、Infomix、Sybase、SQL Server、MS

Access 等。现在新出现的非关系型数据库，大多也支持用类似 SQL 的语言完成大部分工作。

SQL 语言命令分类如表 5.6 所示。

表 5.6　SQL 语言命令分类

类　　别	常 用 命 令
数据定义语言 DDL （Data Definition Language）	create，drop，alter
数据处理语言 DML （Data Manipulation Language）	insert，update，delete
数据查询语言 DQL （Data Query Language）	select

（1）DDL（Data Definition Languages）：数据定义语言，这些语句定义了不同的数据段、数据库、表、列、索引等数据库对象。简单来说，DDL 就是对数据库内部的对象进行创建（create）、删除（drop）、修改（alter）等操作的语言。

①create 语句用于创建数据库或数据表，如创建一个名为 bookdb 的数据库：create database bookdb。

例如：

```
create table book(
    bookno int(5),
    bookname char(20)
);
```

上述语句用于创建一个名为 book 的数据表，bookname 为表中包含的字段，该字段下包含的数据类型为 char（字符型），显示长度为 20。

②drop 语句用于删除数据库或数据库内部的对象，例如：

drop database bookdb；

上述语句用于删除名为 bookdb 的数据库。

drop table book；

上述语句用于删除名为 book 的数据表。

③alter 语句用于修改数据表，例如：

alter table book；

add shopdate date；

上述语句用于在数据表 book 中添加一个名为 shopdate 的字段，该字段下包含的数据类型为 date（日期型）。

alter table book；

drop column shopdate；

上述语句用于删除数据表 book 中的 shopdate 字段。

（2）DML（Data Manipulation Language）：数据处理语言，是指对数据库中的表记录进行操作，主要包括表记录的增加（insert）、更改（update）、删除（delete），是开发人员日常使用最频繁的操作。DML 只对表内部的数据进行操作，而不涉及表的定义、结构的修改，更不会涉及其他对象。

①insert into 语句用于在数据表中插入新的行，例如：

insert into book values（2,'SQL 语言'）；

上述语句用于在数据表 book 中插入一行新的数据，该行数据包括两个值：2 和'SQL 语言'。

②update 语句用于修改数据表中的数据，例如：

update book set bookname = 'SQL' where bookno = 2；

上述语句将会先找到 book 数据表中字段 bookno 的值等于 2 的那一行，然后把这一行中字段 bookname 的值改为'SQL'。

③delete 语句用于删除数据表中的数据，例如：

delete from book where bookno = 2；

上述语句用于删除 book 数据表中 bookno 的值为 2 的行。

（3）DQL（Data Query Language）：数据查询语句，是从数据库的表记录中获取需要的信息的语言，采用命令 select。select 是开发人员使用最频繁的命令，不会改变数据库的结构和数据。

select 语句用于查询数据，例如：

select ＊ from book where bookno = 1；

上述语句用于查询 book 数据表中字段 bookno 的值为 1 的行的所有记录。如果需要查询部分记录，如字段"bookname"下的记录，只需用字段名"bookname"代替"＊"即可。

5.4　数据库应用系统

现在很难找到没有数据库支持的应用系统，常见的应用场景有以下三种。

（1）电子商务：如网上购物、火车票购票系统等。

（2）用于企业管理的 ERP、MRP、MES、PLM、CRM 等软件。

（3）用于数据分析的数据仓库等。

数据库应用系统是间于用户和数据库管理系统之间的应用软件，根据架构的不同可以分为以下三种。

（1）桌面型的应用系统：应用系统和数据库管理系统在同一台计算机中。

（2）两层架构的应用系统：一般在局域网上部署，应用系统在用户的计算机上，数据库管理系统在服务器上，应用系统通过局域网访问数据库管理系统。

（3）三层架构的应用系统：应用系统构建在 Web 服务器上，用户通过浏览器访问应用系统。

5.5　数据仓库的相关概念

5.5.1　传统数据仓库的概念

数据分析的目的是分析数据背后的关联和规律，为企业的决策提供可靠有效的依据，前提是要有数据准备，但是业务数据库中的数据很难直接拿来进行数据分析，主要原因有以下三点。

（1）业务数据库的目的是记录业务行为，一般被称为事务处理（OLTP）。数据是按照面向业务流程的数据处理的需要准备的，而数据分析需要把分散在不同的业务数据库中的数据集成在一起，因为用于分析的数据常常需要包含某些地区、某些商品、某些客户等一个历史时期的销售量、赢利状况等，这就需要把业务数据库中不同表的数据面向管理主题进行重新组织。

（2）重新组织数据的工作如果直接基于业务数据库展开，那么效率就会很低，而且每次数据分析都需要重新组织一遍，代价高昂。

（3）业务数据库一般不需要保留太多的历史数据，但是数据分析却需要大量的历史数据。

数据仓库的出现就是为了应对这些问题的。在事务处理环境中直接构建分析处理应用是不合适的，要提高数据分析和决策的效率和有效性，分析所用的数据必须与业务操作所用的数据相分离，把分析所用的数据从事务处理环境中提取出来，按照数据分析处理的需要进行重新组织，建立单独的分析处理环境。

数据仓库正是为了构建这种新的分析处理环境而出现的一种数据存储和组织技术。20 世纪 80 年代中期，"数据仓库之父" W. H. Inmon 在 *Building Data Warehouse* 一书中定义了现在广为接受的数据仓库概念，即"一个面向主题的、集成的、稳定的、随时间变化的数据的集合，以用于支持管理决策过程"。

1. 数据仓库采用的多维数据模型

现在主流的数据仓库采用维度建模的方式，其基础就是多维数据模型，该模型是 Ralph Kimball 提出的。多维数据模型将数据看作数据立方体，其主要特点是数据库中的表采用星形模型（如图 5.2 所示）或雪花模型。

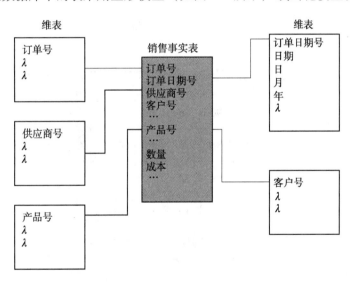

图 5.2　星形模型

雪花模型和星形模型类似，如图 5.3 所示，只是在维度上按照数据库的规范化理论进行了扩展，维表的数据冗余更少，但是查询的时候需要的 join 操作更多。

通过多维数据模型，可以得到类似图 5.4 的数据立方体，能画出来的只有三维，实际上可以有很多维。

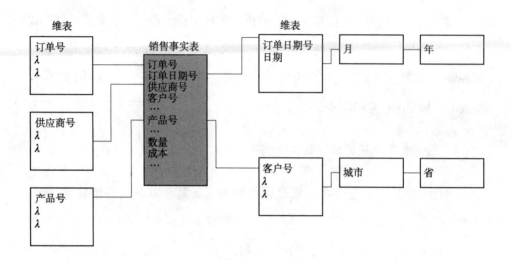

图 5.3　雪花模型

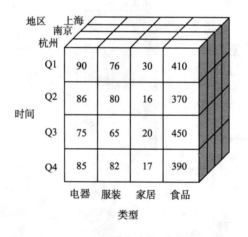

图 5.4　数据立方体

有了数据立方体就可以基于维度做切片、切块、上卷等操作，其实就是基于维度的汇总查询。

切片：杭州，全年四个季度，各类商品的销售量；

切块：杭州、南京，上半年，各类商品的销售量；

上卷：杭州，电器类商品上半年销售量。

2. 数据仓库的构建和应用

数据仓库的构建和应用过程如图 5.5 所示，这里没有考虑现在出现的非结构的数据源。

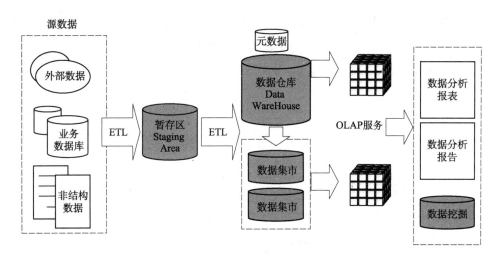

图 5.5　数据仓库的构建和应用过程

图 5.5 中相关的概念解释如下。

（1）数据集市。

数据仓库是整个企业的数据集成，面向和企业管理相关的主题，如整个企业的销售状况、赢利情况、客户流失情况等。数据集市则是面向部门的，是数据仓库的子集，数据的主题是面向部门决策的，如降低不良品率、销售流程的改进等。数据集市面向企业中的某个部门（或某个主题），是从数据仓库中划分出来的，这种划分可以是逻辑上的，也可以是物理上的。数据仓库存放了企业的整体信息，而数据集市只存放了某个主题需要的信息，其目的是减少数据处理量，使信息的利用更加快捷和灵活。

（2）元数据。

元数据是描述数据的数据，是描述数据仓库内数据的结构、语义、提取和转换方法的数据。管理人员需要通过元数据进行数据仓库的管理，分析人员需要通过元数据来使用数据仓库。

（3）OLAP 服务。

OLAP 服务是数据仓库软件提供的数据分析的软件接口，它能提供复杂数据查询和聚集的用户界面，并帮助用户分析多维数据。

（4）数据分析报表、数据分析报告和数据挖掘。

数据分析报表、数据分析报告是指通过数据分析为用户产生的各种数据分析结果。数据挖掘是指通过统计学、机器学习的手段在数据中发现隐含的知识。

（5）ETL。

ETL 分别是 Extract、Transform、Load 三个单词的首字母缩写，也就是数据抽取、数据转换和数据装载。ETL 负责完成数据从数据源向目标数据仓库转化的过程，是实施数据仓库的重要步骤。

①数据抽取（Extract）。数据抽取是将数据从各种数据源中抽取出来的过程。数据抽取既要满足决策的需要，又不能影响业务系统的正常运行，进行数据抽取时应制定相应的策略，包括抽取方式、抽取时机、抽取周期等内容。

②数据转换（Transform）。数据转换不但包括格式的转换，同时还需要通过数据清洗来确保转换后的数据质量。由于业务系统形成的时间较长，而且可能来自不同的开发商，所以会出现数据格式不一致等情况，有时还会出现数据分析中所需要的数据在业务系统中并不直接存在，而是需要进行计算、拆解、合并才能得到的现象。另外，数据有可能出现缺失、异常等现象，这都需要数据转换。

③数据装载（Load）。数据装载是将转换完的数据按计划增量或全部导入数据仓库中的过程。数据装载包括基本装载、追加装载、破坏性合并和建设性合并等方式。

5.5.2 阿里云平台的实时数据仓库

传统的数据仓库主要为决策提供数据分析,一般采用离线的数据存储和计算架构。但是,现代企业要求新型数据仓库具备面向业务快速变化的敏捷创新能力,不仅需要支持决策,而且要支持业务,这就对数据仓库的架构提出了挑战。

现代化数据仓库向多功能化、多服务化演进,技术侧的变革带来了解决企业数字化转型的挑战的可能。现代化大数据平台主要向两个方向演进:一是随着云计算的兴起,逐步向 SaaS 化方向演进,提供按需分配的计算需求;二是由于传统的数据仓库难以满足现代大数据的需求,需要建立实时化的数据仓库,对非结构化数据进行低成本的分析,同时通过 AI 能力挖掘更深的价值。

阿里云大数据平台解决方案是一种多产品组合的解决方案,通过多种产品间的组合,构建多种多样的数据应用。阿里云大数据平台解决方案,适用于电商、游戏、社交等互联网行业数据化运营场景,如智能推荐、日志分析、业务运营分析、用户画像、数据治理、业务大屏及搜索等。阿里云的大数据平台同时具备技术领先、降本提效、提供业务价值收集等优势。在阿里云大数据平台解决方案中,MaxCompute 作为旗舰产品成为核心角色。

MaxCompute 目前的定位是 SaaS 模式企业级云数据仓库,MaxCompute 服务托管在阿里云上,创建超大规模的资源池,由阿里云进行部署和管理,对外提供 API 接口,用户可以通过不同的用户端以搜索 API 的方式访问使用。首先,MaxCompute 免去了开通的步骤,开箱即用;其次,MaxCompute 有超大规模的资源池,具备按需使用、高弹性的特点;最后,MaxCompute 采用存储、计算分离的架构方式,提供结构化的存储和按需使用的计算资源,在低成本情况下提供较好的可扩展性。

MaxCompute 在服务化的场景下，广泛地支持以下几种场景。首先，面向普通消费者的营销数据分析场景，对用户行为进行收集分析，构建画像并打标签，为用户做更多的服务；其次，还有针对线上的运营活动，实时收集和查询线上运营情况，做运营策略的变更；最后，为各行业搭建数据仓库，从而构建更多的数据应用。

阿里云实时数据仓库的功能架构如图 5.6 所示。

MaxCompute 产品的技术特性有以下九点。

（1）MaxCompute 是全托管的 Serverless 的在线服务，不需要进行资源的开通和管理，用户可以使用近乎无限的计算资源。同时免去了很多工作，由阿里云进行统一的版本升级、资源伸缩和故障处理，进一步缩减运维上的投入。

（2）MaxCompute 可以提供最好的弹性能力和扩展性。由于存储与计算分离的特点，MaxCompute 支持 TB 到 EB 级别数据规模的扩展能力，可以让企业将全部数据资产保存在一个平台上进行联动分析，消除数据孤岛。Serverless 资源可以实时根据业务峰谷变化带来的需求变化分配资源，进行自动扩展。MaxCompute 的计算能力是非常强的，单作业可根据需要秒级获得成千上万 Core，当数据规模达到 EB 级别时，MaxCompute 也能很好地支持并正常运转。

（3）MaxCompute 融合了数据探索能力。MaxCompute 与阿里云的 Warehouse 是深度集成的关系，默认集成了对数据湖（如 OSS 服务）的访问分析，可以处理非结构化或开放格式数据，还支持外表映射和通过 Spark 直接访问方式开展数据湖分析。通过数据仓库与外表的映射，在同一套数据仓库服务和用户接口下，MaxCompute 可以实现数据湖分析和数据仓库的关联分析。

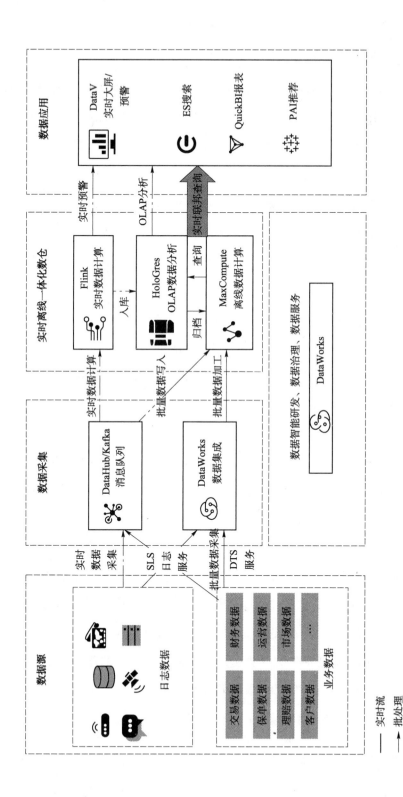

图 5.6　阿里云实时数据仓库的功能架构

（4）传统的 BI 能力已经无法满足业务需求，企业更多地需要通过 AI 能力将数据集成到平台中，以支持更多的场景。MaxCompute 与 PAI 无缝集成，提供 BI+AI 一体化的产品能力，从而提供强大的机器学习处理能力。用户可使用熟悉的 Spark-ML 开展智能分析，同时可以使用 Python 机器学习第三方库。

（5）目前，实时分析成为了很火热的话题，MaxCompute 也支持流式数据的实时写入（Tunnel），并在数据仓库中开展分析，与云上主要流式服务深度集成，轻松接入各种来源的流式数据。MaxCompute 可以支持秒级高性能弹性并发查询，满足近实时分析场景。

（6）MaxCompute 支持多种计算引擎，通过内建 Apache Spark 引擎，提供完整的 Spark 功能，与 MaxCompute 计算资源、数据和权限体系深度集成。

（7）MaxCompute 提供统一而丰富的运算能力，包括离线计算（MR、DAG、SQL、ML、Graph）、实时计算（流式、内存计算、迭代计算），涵盖通用关系型大数据、机器学习、非结构化数据处理、图计算等。

（8）目前，数据中台往往有数据共享的需求，企业的数据资产可以被企业的每个人检索到，同时通过安全合规的权限控制让每个人可以轻松获得企业数据资产，进行进一步的开发。此时则需要数据中台提供统一的元数据视图，MaxCompute 通过提供租户级别的统一元数据，让企业能够轻松获得完整的企业数据目录，更进一步，对于更广泛的数据源，通过外表建立数据仓库与外部数据源连接。如此，数据中台可以做到无须收集所有数据，仍然可以为用户提供统一的数据视图，满足数据共享的需求。

（9）MaxCompute 不是简单的计算引擎，它是一个完整的服务，提供了 SLA（服务品质协议）保证、99.9% 服务可用性保障，支持自助运维与自动化运维，以及完善的故障容错（软件、硬件、网络、人为）。